(株)日本総合研究所
井熊 均［編著］
Ikuma Hitoshi

検証
電力ビジネス
勝者と敗者の分岐点

B&Tブックス
日刊工業新聞社

はじめに

　2016年4月の電力小売全面自由化を前に、日本の電力市場は大変な盛り上がりを見せた。PPSの数は900近く（2016年3月1日時点）、小売事業者への参加者数は200近く（2016年2月23日時点）に達するなど、予想を超えた数の企業が電力市場に参入した。固定価格買取制度の下でのメガソーラーバブルを含めると、企業が電力市場にいかに高い関心を寄せているが分かる。

　電力業界の圧力などで止まっていた小売の全面自由化と再生可能エネルギーの大量導入政策は、東日本大震災で一気に動き出した。何百年に一度の災害を背景に、何十年に一度の変革が同時に進められたことで、電力市場への過大な期待が生まれた。本書を執筆している時点で、「2020年　電力大再編」は7刷を果たし、「続　2020年　電力大再編」も増刷となった。両書で心掛けたのは、過剰なまでに関心が高まった電力市場の姿をできるだけ冷静に示すことだ。読者の評価を得たのは、企業の参加意向が過熱する中で市場の行方に若干の不安を持っていた企業が多かったことを示しているのだろう。

　ここに来て、不安が現実となることを予感させる事態が起こった。2016年2月、新電力の日本ロジテック協同組合が3月末で小売事業から撤退することを発表したのだ。利幅の薄い電気事業で安売り競争が続けば、撤退や大手による統合などが相次ぐ可能性がある。新規事業者は経済的な活力の源泉の一つだ。競争の結果淘汰が進むのは市場の常だが、志を持って船出した企業の一つでも多くが、成長のきっかけをつかみ生き残って欲しい。

　本書はこうした認識の下、電力市場での事業を占うための一助となることを願って執筆したものである。第1章、第2章、第3章では、電力関連の事業を3つのカテゴリーに分け、成功の理由や課題などを整理した。もちろん、電力市場にはこれ以外にもビジネスモデルがあるが、本書で取り上げた30の事例だけを見ても、事業の成否を分ける一定の流

れが見えてくる。事業の仕分けは筆者の認識によるものであり、読者の見解と異なる点や独断と評価される点もあろう。それらについては、電力市場の動向をできるだけ冷静に把握して欲しいとの願いゆえの仕分けであるとご理解いただければ幸いである。

第4章では、電力市場の行方を占うに当たって必須となる5つのトレンドについて整理した。政策、資源価格、国際的な協議などと切っても切れない関係にある電力市場では、基本的な環境要件を把握することが重要である。

第1章から第4章の内容を受けて、第5章では、電力市場で成功するための10のポイントについて述べた。

本書の内容が読者の事業展開の何らかの参考になれば幸いである。

本書は企画段階から日刊工業新聞社の矢島俊克氏にお世話になった。この場を借りて心より御礼申し上げたい。

本書は、株式会社日本総合研究所の木通秀樹君、瀧口信一郎君、松井英章君、梅津友朗君とともに執筆した。多忙の中、各事業の調査・分析、執筆いただいたことに心より御礼申し上げる。

最後に、筆者の日頃の活動にご指導ご鞭撻を頂いている株式会社日本総合研究所に心より御礼申し上げる。

2016 年　早春

井熊　均

目 次

はじめに　i

パートI　成功するビジネスと厳しいビジネス

第1章 成功しているエネルギービジネス

- 1 着実に普及するスマートハウス　2
- 2 注目高まる日本版スマートシティ　6
- 3 エコカープラットフォームを創ったハイブリッドカー　10
- 4 FIT市場先行で収益を確保したメガソーラー事業　14
- 5 成長するグローバルな再生可能エネルギー事業　18
- 6 トータルサービスが勝負を分けるルーフトップ式太陽光発電　22
- 7 国内をベースに成長する廃棄物発電事業　26
- 8 成長する海外火力発電事業　30
- 9 自由化で拡大するエネルギーファイナンス　34
- **コラム** 日本の良さを知ろう　38

第2章 厳しい状況にあるエネルギービジネス

- 1 ポジショニングが重要になる電力小売事業　40
- 2 新たな枠組みを模索する送電事業　44

- 3 絞り込みが求められるバイオ燃料事業　48
- 4 エコカーの将来ビジョンを待つ電気自動車　52
- 5 岐路に立つクリーンディーゼル車（その他エコカー含む）　56
- 6 自由化で期待高まるスマート機器　60
- 7 バンドリングで価値を追求する高圧一括受電　64
- 8 地道な取り組みが鍵となる国内風力発電　68
- 9 新たな展開が期待される電力需給調整事業　72
- 10 継続する海外大規模スマートシティ市場　76
- 11 IoTで再生する省エネサービス　80
- 12 リプレースが鍵を握る原子力発電　84
- コラム 迷走止まない低炭素ビジネス　88

第3章
今後の取り組みで評価が分かれるビジネス

- 1 日本型の付加価値を追求する電力ITサービス　90
- 2 規制緩和で成長する小規模水力発電事業　94
- 3 着実な普及が期待される燃料電池　98
- 4 熱利用・燃料化を目指すバイオマス発電　102
- 5 地方創生の鍵となる地域エネルギー事業　106
- 6 長期的な視点が必要な蓄電池事業　110
- 7 従来型資源と再エネ混在のエネルギー資源開発　114
- 8 不確実さ含む国内火力発電事業　118
- 9 維持・改修が必須の大型水力発電　122
- コラム 民の恣意が生む政策のブレ　126

パートⅡ 成功のための事業戦略

第4章
事業を左右する5大要素

- 1 自由化政策　128
- 2 国内外の需給動向　132
- 3 再生可能エネルギー政策　136
- 4 地球温暖化に関する国際議論　140
- 5 技術開発の動向　144
- コラム 合成の誤謬を避ける　148

第5章
成功のための10のポイント

- 1 政策通になる　150
- 2 政策を使いこなす　152
- 3 グローバル指向を持つ　154
- 4 海外と日本の違いを押さえる　156
- 5 顧客をつかむ　158
- 6 提携で相乗効果を上げる　160
- 7 将来の市場構造を読む　162
- 8 「環境」は短期と長期の目線で評価する　164
- 9 技術の進化を先取りする　166
- 10 ITを活用する　168
- コラム エネルギー分野での将来フロンティア　170

パート I

成功するビジネスと厳しいビジネス

第 1 章

成功している
エネルギービジネス

1 着実に普及するスマートハウス

> **ポイント**
> ・ホームオートメーションと省エネ住宅が融合したスマートハウス
> ・関連産業の裾野が広く低炭素市場への波及効果が大きい
> ・全販売住宅のスマートハウス化を目指す大手住宅メーカー
> ・中小工務店向けの取り組みが更なる普及の鍵を握る

● スマートハウスの長い歴史

　スマートハウスはもともと、ホームオートメーション機能を持った住宅を意味していた。ホームオートメーションとは、家電や設備機器をネットワークに接続して最適制御し、便利性を高めた住宅であり、マイコンが誕生した1970年代にその萌芽が見られる。コンピュータの進化とともに機能自体は進化したが、コストが掛かること、生活面での必要性が必ずしも高くない機能も含まれていたことから、あまり普及せず、コンピュータ制御をふんだんに取り入れたコンセプト住宅にとどまっていた。

　一方、オイルショックの影響で1979年に省エネ法が制定され、住宅にも省エネ基準が設けられた。省エネ基準はその後何度か改定され断熱・機密性能などが強化された。2000年代後半になると、ホームオートメーションの流れと省エネ住宅の動きが融合し、昨今のスマートハウスのコンセプトに近づいた。現在、住宅メーカーより販売されているスマートハウスの枠組みが作られたのは、2009年7月に経済産業省によって公募されたスマートハウス実証プロジェクトが行われた時と考えていい。

● スマートハウスの機能

　スマートハウスは高気密高断熱の躯体を持ち、LED照明などの省エ

ネ機器、太陽光発電、蓄電池、燃料電池といった創エネ・蓄エネ機器を備え、HEMS によって需給制御することで、家庭のエネルギー利用を最適化する。蓄電池については、家庭用の据え置き型のほか、電気自動車やプラグインハイブリッド自動車を利用するタイプもある。

最近では、エネルギー利用の最適化だけでなく、HEMS から得られたデータを用い、子供や高齢者の見守りや健康管理を支援するといった機能も加わっている。

もともと住宅は関連産業の裾野が広いところに、上述した多様な機器が追加されたため、住宅メーカーに加え、電機メーカー、ICT 関連企業、自動車メーカーなどがスマートハウス市場に参入している。スマートハウスの経済波及効果が大きいと言われる理由である。スマートハウスの市場規模は、どこまで含むかによるが、関連機器・システムまで含めると 2013 年時点で 2 兆円を超えたという調査もある。特に、東日本大震災後は、停電時でも安心して電気が使えるエネルギー自立機能付きのスマートハウスへの期待が高まっている。

● 各住宅メーカーの取り組み

オール電化に注力したもの、都市ガスを使った燃料電池を採用したもの、など内容は異なるが、大手住宅メーカーの多くが商品ラインナップの中枢にスマートハウスを位置づけている。例えば、積水ハウスは、太陽光発電、燃料電池、蓄電池、HEMS を自由に組み合わせることができる「グリーンファースト」と呼ばれるスマートハウスを展開している。最も高機能なタイプでは、太陽光発電と燃料電池のダブル発電と蓄電池で余剰電力を蓄電する機能を備え、外部からの購入電力を限りなくゼロに近づけ、停電時でもほぼ普段どおりの生活ができるようになっている。

大手メーカーではスマートハウスの販売シェアが伸びている。積水化学では太陽光発電と HEMS を備えたスマートハウスのシェアが同社戸建住宅販売の 8 割に達している。蓄電池を備えた「エネルギー自給自足型スマートハウス」も 2 割を占めている。パナホームでも太陽光発電を

備えた住宅の割合が6割に達しており、2018年には全商品をHEMSを備えたスマートハウスにするという。

スマートハウスの価格はベースにする住宅のグレードによって異なるが、HEMS 2〜20万円程度、太陽光発電百数十万円から200万円程度、蓄電池数十〜100万円程度、燃料電池百数十万円程度のコストが加わり、フルラインではベースの住宅より数百万円高くなる。ただし、固定価格買取制度を利用すれば10年でコスト回収が見込める上、同制度終了後も、蓄電池との組み合わせにより電力を自給し、年間の光熱費をゼロに近づけようとしている。

一方、スマートハウスには、経済性だけではなく、環境・安心安全・快適で先進的な居住環境を提供する、という価値があることを忘れてはならない。冒頭で紹介したように、もともとスマートハウスはホームオートメーションに端を発している。そこに、HEMSなどのITが加わり子供や高齢者の見守りサービスなども可能なスマートハウスへと進化したことになる。スマートハウスは単にエネルギーを効率的に使うだけでなく、生活環境全般を進化することができる住宅というイメージを持たれるようになっている。購入者も機器の価格や投資回収を厳密に計算して損得勘定するより、住宅総体としての価値を考慮して5〜10％程度の価格の上乗せを許容しているようだ。

更なる普及のために

スマートハウスの普及は、顧客層をどれだけ広げられるかに掛かっている。顧客層が広がると価格感度が高くなる。長期的にはコストを回収できると言っても、初期投資が嵩めば二の足を踏む層が増える。スマート機器の価格低下は普及拡大のための必要条件と言える。実際、機器の価格は低下している。例えば、家庭向け太陽光発電システムの価格は、固定価格買取制度施行前はkW当たり40〜50万円程度であったが、最近は30万円を下回るようになっている。

普及に向けたもう1つの条件は、住宅販売で高いシェアを占める各地の中小工務店の取り組みである。中小工務店向けに顧客管理サービスの

1 着実に普及するスマートハウス

提供やウェブサイト制作などを行う住宅ソリューションズは「ビルダーズ HeMS」という HEMS パッケージを展開している。HEMS と各部屋の電気回路を連携させるには分電盤の設定に技術を要するが、注文ホームページ内で必要事項を入力すれば設定完了した分電盤を納品してくれるという。こうしたサービスが受け入れられ、小工務店向けのサービスや技術が広まれば、スマートハウスの市場は一層の拡大が期待できる。

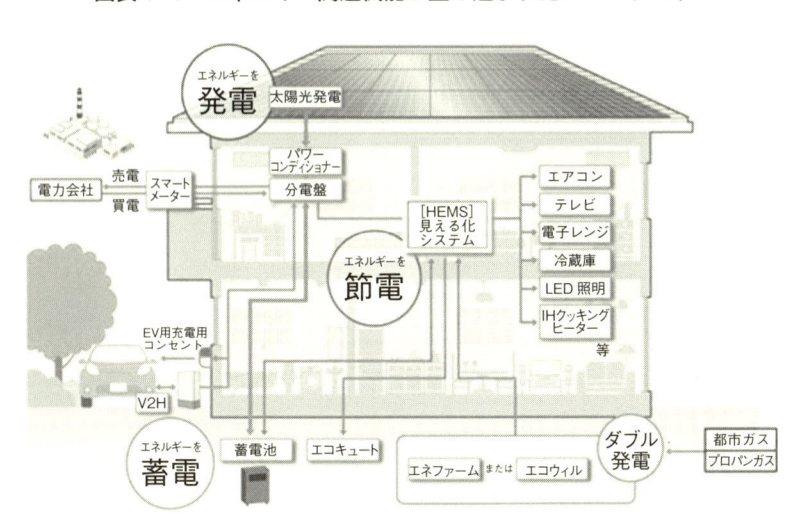

図表1-1　エネルギー関連機能が盛り込まれたスマートハウス

（出典：住友林業ホームテック株式会社 HP）

2 注目高まる日本版スマートシティ

> **ポイント**
> ・東日本大震災後、日本版スマートシティへの注目が高まる
> ・民主導でエネルギーを付加価値に転換
> ・個別技術・設備の積み上げと市場構造が普及を後押し
> ・海外にも普及が期待される日本版スマートシティ

● 東日本大震災が浮き彫りにした日本版スマートシティの魅力

　東北地方に未曾有の被害をもたらした東日本大震災では東京の機能も止まった。闇夜を多くの人が家路を目指す中、六本木ヒルズは明かりを灯し続けた。六本木ヒルズは4万kW近い発電容量を持つコジェネレーションを地下に備えた、エネルギー自立型のオフィスビルだからだ。地区内の施設に電気と熱を併給し、系統電力が落ちた時でもエネルギーを自立供給することができる。こうした未来指向のインフラの運営を手掛けるのは、森ビルが東京ガスなどと設立した六本木エネルギーサービスだ。

　六本木ヒルズの特徴はエネルギーの自立だけではない。電熱併給により二酸化炭素（CO_2）排出量が削減され、省エネのためのモニタリングも行われている。エネルギーだけでなく、雨水やリサイクル水の利用により省水も図られている。需要カーブの異なるオフィスビル、ホテル、商業施設、マンションからなる複合開発がこうしたシステムの効率性を高めている。

　東日本大震災後、六本木ヒルズについて世界中から、同じような機能を持った都市を開発して欲しい、との要請があったとされる。

　東日本大震災以降、注目を高めているのは三井不動産が千葉県柏市で進める「柏の葉キャンパスシティ」だ。三井不動産を中心に、多くの企業が参加するスマートシティ・プロジェクトである。エネルギーシステ

ムについては、供給サイドは、コジェネレーション、太陽光発電、風力発電、温泉熱利用、生ごみのバイオガスなどが、需要側では、供給側とマンション、オフィス、商業ビル、ホテル、住宅、公共施設向けのエネルギーマネジメントシステムが導入されている。交通分野でも、ITを使って自動車、公共交通、パーソナルモビリティなどを連結するシステムが整備されるという次世代型のスマートシティだ。

三井不動産は事業の中心である東京・日本橋でもスマートシティのプロジェクトを進めている。日本橋室町の再開発事業事後に、系統電力と連携することでエネルギーの効率性とセキュリティを向上するガスコジェネレーションシステムを導入する計画だ。将来的には、再開発区域を囲む既存街区にもコジェネレーションの熱を供給し、広域のエネルギー効率の改善も視野に入れる。実現すれば、既存街区をスマートシティ化するためのモデルとなるプロジェクトだ。

三井不動産と並ぶ業界の雄である三菱地所も東京・丸の内で地域冷暖房を行っている。東京を代表する近代的なビジネス街で、地域冷暖房用のプラントをネットワークし高度制御することで、エネルギーの高効率利用を進め、排熱や未利用熱も有効利用する。

● スマートハウスからスマートタウンへの進化

日本でのスマートシティの動きで、もう1つ注目されるのは、スマートハウスが集合したスマートタウンだ。スマートタウンの先陣を切ったのは、静岡ガスによる「エコライフスクエア三島きよずみ」だ。環境省の「チャレンジ25地域づくり事業」に採択された分譲住宅開発事業で、燃料電池（エネファーム）、太陽電池、蓄電池を備えた住宅を集約し街区化した日本初の事業である。静岡ガスはエネルギーシステムを管理して、電力データを収集・分析することでエネファームの効率的な運転、省エネルギーなどをアドバイスしている。

大規模なスマートタウンプロジェクトとして注目を集めているのは、パナソニックと三井不動産が協働で進めている、神奈川県藤沢市の「Fujisawaサスティナブル・スマートタウン」だ。街の中心となるのはパ

ナホームと三井ホームが提供するスマートハウスだ。個々の住宅が高効率のエネルギーシステムを備えているのはもちろん、地域としてのエネルギー融通、災害時における周辺地域へのエネルギー供給を可能とする機能も整備されている。自治体や周辺地域を取り込んだ運営体制も注目される。

スマートハウスは単体でも高い機能を持つが、街として集積することでエネルギーの融通や交通手段の共同運営などにより一層付加価値が高まる。

エネルギーの付加価値を引き出した日本版スマートシティ

上述したスマートシティ、スマートタウンの特徴は、民間主導のプロジェクトであることだ。スマート化のために掛かっているコストは民間事業の中で賄われている。エネルギーの効率化により削減されるコストで回収する部分もあるが、多くは投資家、企業、住宅などの購入者が負担する不動産価格や料金のプレミアム部分だ。これは、スマートシステムが不動産の価値を高め、投資家や利用者に受け入れられていることを意味している。

本書のESCOの項では、省エネによるコスト改善効果による投資回収にこだわり過ぎたことがESCO市場の成長を阻んだ、と指摘している。経済性が重要なことはいつの時代も変わらないが、経済性だけに目が行くとエネルギーサービスの持っている付加価値を見失う場合もある。セキュリティや快適性の効果があるなら、それに見合った対価を求めるのが正当なビジネスだ。スマートハウスやスマートシティの拡大は、エネルギーの持つ付加価値を見いだし、商品に反映したのは住宅メーカーや不動産会社であったことを示している。

拡大が期待できる日本版スマートシティ

日本版スマートシティの2つ目の特徴は、積み上げ型であることだ。街区単位でのスマートシティの基盤となっているのは、スマートハウス、スマートマンション、省エネビル、などの単体の建築物、あるいは

住宅、ビル単位のエネルギーシステムだ。その分だけ、開発の規模や目的に従って柔軟に技術を組み合わせ、個々の施設の投資回収と街区としての事業性を整合させることができる。

3つ目は、市場をリードする地域や企業がスマート化を引っ張っていることだ。スマートハウスを牽引している大和ハウス、積水ハウス、スマートシティを牽引している三井不動産、三菱地所、森ビルなどはいずれも業界のリーダー的な存在だ。地域的に見ても、スマートシティが建設されている東京・六本木、日本橋、丸の内はビジネスの中心地区であり、神奈川県藤沢市や千葉県柏の葉も新しい生活スタイルを代表する街だ。その分だけ業界への認知効果は高い。一方で、スマートシティで使用されるエネルギー機器や制御システムは年々単価が下がっていくから、今後は中位の企業や地域にもスマートシステムが導入されていく。

このように、日本中にスマートシティが普及していくのは間違いない。海外でも、低炭素指向や経済成長などを背景にアジアなどでも省エネビルなどへのニーズが生まれている。日本発の民主導のスマートシティが世界の都市に普及していくことを期待したい。

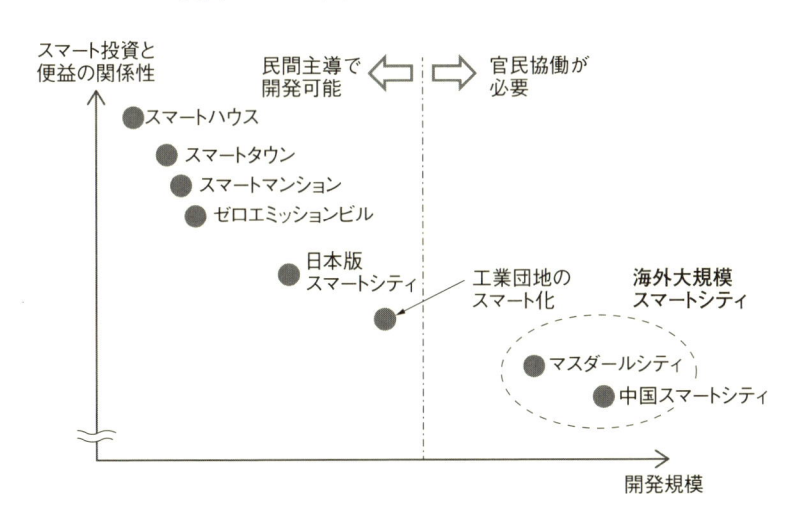

図表1-2　日本版スマートシティの位置づけ

3 エコカープラットフォームを創ったハイブリッドカー

> **ポイント**
> ・トヨタがHV市場をリード
> ・技術戦略と特許戦略がリードの源泉
> ・特許期限切れで各社もHVに注力
> ・EV、FCVとの比較でも当面はHVが市場をリード

ハイブリッドカーの普及状況

　トヨタは2015年7月に、ハイブリッド車（HV）の新車販売台数が世界累計800万台を達成した、と報じた。1997年のプリウスの発売以来、堅調に販売台数を増やし、2014年の世界のHVの新車販売台数は127万台に達している。業界全体の販売台数は172万台だから、実に70%以上をトヨタが販売していることになる。

　HVは販売当初から消費者に受け入れられた訳ではない。日本でCOP3が開催された1997年、環境省エネ自動車として発売されたものの、まだ環境のために高価な小型車に乗るという文化はなかった。

　流れが変わったのは、2003年に第2世代プリウスが登場してからである。カリフォルニア州が、新たな技術の開発を必要とする規制を作り、企業に技術開発を促す環境技術開発型のZEV（Zero Emission Vehicle）規制が施行していた。ZEV規制は年々強化され、2003年にはカリフォルニア州で販売される車両の10%をZEVにすることが義務づけられた。10%の内訳は、EVのように排ガスを出さない車が2%、残り8%をHVのような先進技術を採用したエコカーという構成だ。これにより、トヨタは、他社がZEV規制に苦しむ中、HVで販売台数を拡大することができた。2005年には、映画俳優がアカデミー賞の会場にプリウスで乗りつけるなどで話題を呼び、カリフォルニア州を中心に全米で大きくシェアを伸ばした。ZEV規制をテコに、プリウスは2003年以降、

年率40%の成長を遂げる。米国での成長に牽引される形で、国内でも販売台数が伸び、現在では新車販売の3割強がHVとなっている。

海外を含めたメーカーの参画状況

　プリウス登場以降、多くのHVが登場したが、その方式は様々だ。プリウスの方式はシリーズ・パラレル型と言われ、1つのエンジンと、駆動用、発電用の2つのモーター、蓄電池を適切に組み合わせ、エネルギー効率を最大化する。

　ホンダなどが採用したパラレル型は、モーターが小型エンジンをアシストする。従来のエンジン性能や運転感覚を損なわずにモーターがサポートする仕組みであり、動力部分のエネルギー性能ではシリーズ・パラレル型に分がある。一方、構造が簡潔で車体重量を下げられるため燃費ではプリウスに対抗することができた。

　各社の方式に差が出たのは、トヨタが特許で先行したからだ。シリーズ・パラレル型を採用したのは、トヨタから技術を導入したマツダとフォードだけであった。プリウス発売から20年近くハイブリッド市場をトヨタがほぼ圧倒できたのは、こうした特許戦略によるところが大きい。ところが、この数年でトヨタの特許の有効期間が切れGMなどが同方式を採用し始めている。ハイブリッドと言えばトヨタ、という市場構造を覆し、他メーカーがどれだけ市場を拡大できるかが注目されている。

HVからPHV、FCVへの展開

　トヨタは、当初からハイブリッドシステムをエネルギーマネジメントシステムと捉えていた。プリウスは、運転方法に合わせてエネルギー性能を最大化するエネルギーマネジメントシステムを搭載することで優れた環境性能を発揮することができた。ハイブリッドシステムは自動車の動力系統というよりも、エンジン、電池、モーターなどの機器のプラットホーム（基盤構造）という位置づけがふさわしい。トヨタは、この発想の下、電気自動車、エンジン駆動車、その間をつなぐHV、PHVを

生産することができる。その結果、エンジンやモーターをはじめとする駆動方式の部品をプラットホームが担い、部品の汎用化を進め、製造コストも下げることが可能になる。

こうしたプラットホームの効果を活用した好例が燃料電池車（FCV）「ミライ」である。ミライの動力系統は、PHV のエンジンと発電用モーターが燃料電池に置き換わった構造となっている。燃料電池で発電した電気をそのまま駆動用のモーターで使うか、いったん電池に蓄えるかを選択し、蓄電池と燃料電池のバランスを制御できる。エコカーに関する一貫した技術戦略がプリウス、アクアと続く市場拡大と、FCV の早期の市場投入と大幅なコストダウンを成功させたのだ。

● HV、PHV、FCV の低炭素効果

1 km 走行する際に排出する CO_2 量を見ると、現行のプリウス HV では燃費が 32.6 km/l、ガソリンの CO_2 排出係数が 2.322 kg-CO_2/l であることから 71.23 g-CO_2/km となる。

PHV は、EV モードで運転した場合、電費は 114.5 Wh/km である。これを単純に熱量ベースで燃費換算するとガソリン車の 3 倍程度になる。東京電力の CO_2 排出係数（0.53 kg-CO_2/kWh）を使うと、60.69 g-CO_2/km の二酸化炭素を排出することになる。燃費を考慮すると 3 倍以上になるが、CO_2 排出量は変わらない。なお、太陽光発電由来の電力を用いれば CO_2 排出量は 0 g-CO_2/km となる。

燃料電池車の場合、ミライの水素燃費は 7.44 km/m^3 と推定される。工業用の副生水素（苛性ソーダ）であれば、新たに CO_2 は排出しないが、都市ガスから製造する場合には、CO_2 排出量が 0.95 kg-CO_2/m^3 なので、127.7 g-CO_2/km となる。太陽光発電由来の水素を用いれば、こちらも CO_2 排出量は 0 g-CO_2/km となる。

このように、低炭素効果という点で比較すると、再生可能エネルギーを用いた場合には PHV と FCV が優れ、化石燃料を用いた場合には PHV、次いで HV、FCV の順に優れていることになる。FCV は、自動車から CO_2 を排出しないという点で、電気自動車と同様に環境性に優

れるが、化石燃料を用いる場合には、HVよりも性能が低くなるのである。FCVは、水素供給インフラという、大きな社会システムができることで本当の価値が発揮される。

　こうした状況を見ると、当面の間、実用性とコストダウンを達成した上、環境面でも相応のレベルにあるHVがエコカー市場、あるいは自動車市場をリードする傾向が続きそうだ。

図表1-3　HVとPHV、FCVの関係

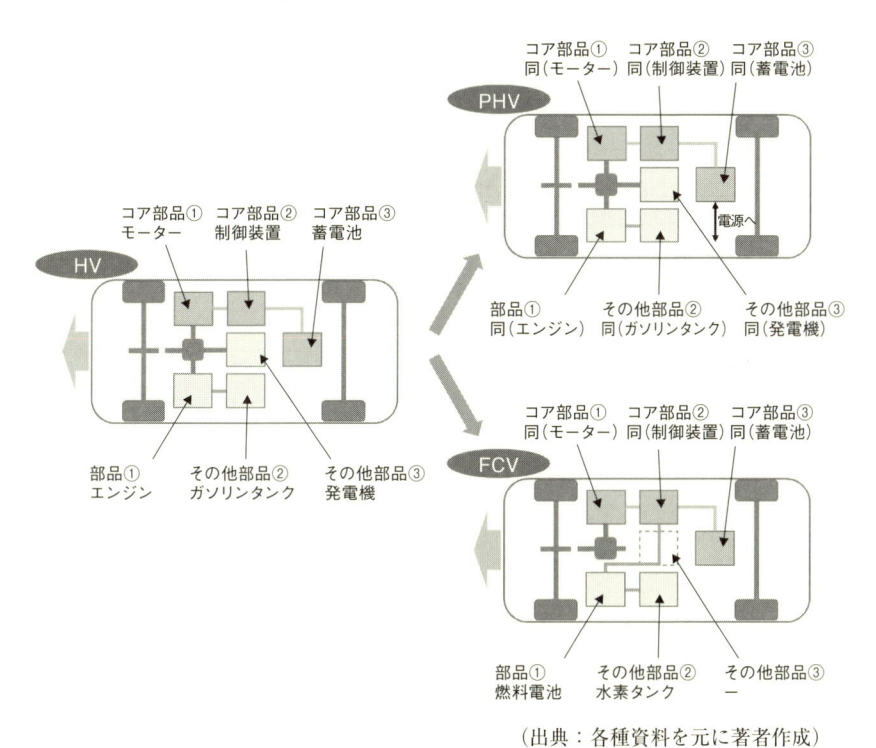

（出典：各種資料を元に著者作成）

4 FIT市場先行で収益を確保したメガソーラー事業

> **ポイント**
> ・固定価格買取制度の施行によりメガソーラー事業者が急増
> ・その後、電力消費者の負担軽減のため買取価格が低下
> ・先行した事業者は高利回りかつ安定的な収益源を獲得
> ・メガソーラー事業は固定価格買取制度のとの付き合い方を示唆

固定価格買取制度施行後の参入状況

　再生可能エネルギーの中で、太陽光発電は設置場所を選ばず、小規模から大規模まで自在に設置できることから、多くの新参入者が参入した。固定価格買取制度施行後は国際価格の2倍という高い買取単価が追い風となり、太陽光発電の導入量は当初の目標を大きく上回る水準となった。特に、メガソーラーは資本力のある事業者の参入により導入量が劇的に増加した。

　例えば、早期から参入したソフトバンクは次々とメガソーラーを建設し、今では21カ所の発電所を完成させ、合計258 MWの発電容量を保有している。2016年以降にも98 MWの容量のメガソーラーが完成予定である。この合計356 MWの設備に対して、容積当たりの事業費を3.5億円/MW、期待回収率を10%と仮定すると、事業期間20年間で125億円の収益が得られる計算になる。

　風力発電の国内最大手企業であるユーラスエナジーは、メガソーラーでも実績を伸ばしている。2015年10月には国内最大規模のユーラス六ヶ所ソーラーパーク（115 MW）が完成し、保有する太陽光発電の設備容量は233 MWと、国内トップクラスの太陽光発電事業者となった。約700 MWの設備容量を有する風力発電の期待収益を合わせると、回収される資金はソフトバンクを上回る規模になると考えられる。同社は韓国をはじめ海外でもメガソーラー事業を展開しており、日本の再エネ

事業を足掛かりにグローバル企業としての成長を目指している。

参入状況と買取価格の関係

固定価格買取制度施行後に、いち早くメガソーラー事業に参入した事業者は、高い収益率で、安定的かつ長期にわたる収益源を手にすることに成功した。

固定価格買取制度の割高な買取価格の原資は、電気料金に添加する形で消費者から徴収される賦課金だ。再エネ導入量が増えるほど消費者の負担は大きくなり、自由化のメリットを相殺する。経済産業省は、メガソーラーの急激な拡大に対する各方面からの批判を踏まえ、太陽光発電の買取価格を制度施行当初の2012年の40円/kWhから、2013年には36円/kWh、2014年には32円/kWh、2015年には4月から6月までの利潤配慮期間における29円/kWhを経て、7月以降は27円/kWhまで低下させた。

2015年8月時点で、固定価格買取制度下で整備された10 kW以上の太陽光発電の容量は1,873万 kWであるのに対し、認定容量は7,753万 kWにも達している。計画を大きく上回って導入されたことで、メガソーラーの買取価格は今後も削減方向で見直されるが、新たな設備の稼働開始が相次ぎ消費者の負担は拡大する。

参入段階と収益の差

初期に参入した事業者が条件の良い用地を確保したことで、メガソーラーに適した用地が少なくなっているとの指摘もある。例えば、ユーラスエナジーのユーラス六ヶ所ソーラーパークは、国家プロジェクトとして進められてきた「むつ小川原開発計画」の用地として新むつ小河原株式会社が保有していた253ヘクタールの土地について20年間の貸借契約を交わすことで実現した。近隣の系統電力の脆弱さから16 km離れた六ヶ所変電所までの送電線を引くことが必要となったものの、発電規模の大きさから送電設備の投資は十分に回収できると考えられる。

買取価格の低下に加えて事業に適した用地が減るメガソーラーの事業

条件は厳しくなり、初期に参入した事業者と、2015年7月以降に参入した事業者とでは収益性に大きな差がつくことになる。10 MWの容量を持つ太陽光発電事業を想定すると、事業期間全体での収入から総事業費を差し引いた単純な収益の違いは以下のように試算できる。

〈共通〉
　総事業費：35億円（3.5億円/MWh）
　設備利用率：13％
　事業期間：20年
　総発電量：2.28億kWh

〈2012年7月認定〉
　買取価格：40円/kWh
　収入：91億円
　収益：56億円

〈2015年7月認定〉
　買取価格：27円/kWh
　収入：61億円
　収益：26億円

買取価格の差が収益を圧迫するため、収益は2分の1以下になってしまうのだ。同条件における2012年から2015年までの買取価格と収益との関係を**図表1-4**に示す。

メガソーラー事業から得られる示唆

　割高な買取価格が設定されることを察知し、いち早く資金を投入した事業者が収益を手にしたのがメガソーラー事業の実態と言える。好機に敏であることが市場競争の常とはいえ、その源泉が官製市場の中で消費者が負担する賦課金であることを考えると、素直に受け取れる人は少ないのではないか。

　固定価格買取制度は、買取価格が低すぎれば参入が低迷し、高すぎれ

ばバブルを引き起こす可能性が高い劇薬のような政策だ。完璧な制御は不可能と言ってもいい。民間事業者から見れば、制度がバブル側に傾いたタイミングをいち早く察知して投資し、制度が是正されたら投資を絞る、ヒット＆アウェイが適した制度と捉えることが必要ではないか。そうした冷めた姿勢の是非はともかく、メガソーラー事業の経緯は、企業が固定価格買取制度とどのように付き合うべきかを示唆している。

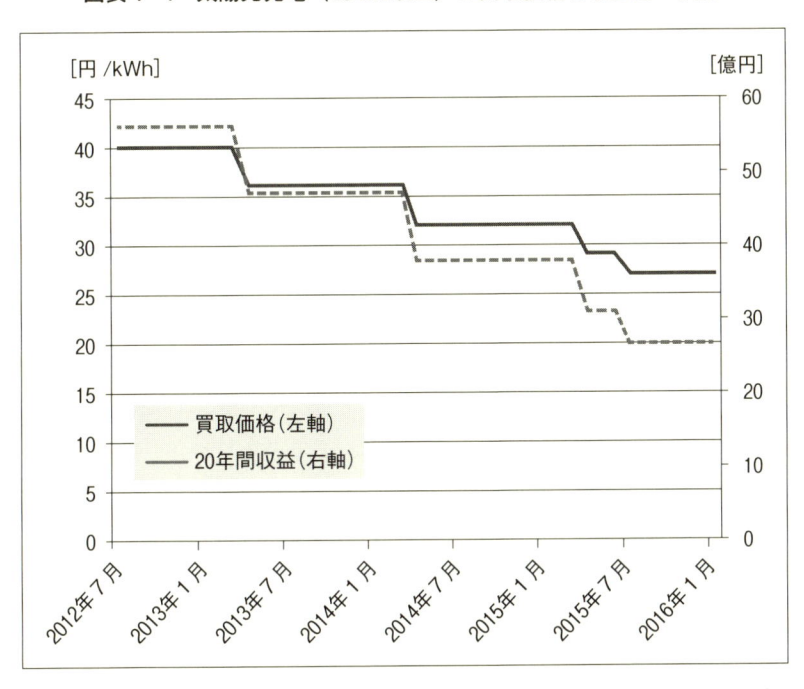

図表1-4　太陽光発電（10 kW以上）の買取価格と収益との関係

＊試算条件：発電容量10MW、総事業費35億円、設備利用率13％、事業期間20年
＊20年間収益：設備認定時期の買取価格を基に算出した20年間の収入から総事業費を差し引いたもの。

（出典：著者作成）

5 成長するグローバルな再生可能エネルギー事業

> **ポイント**
> ・固定価格買取制度で世界の太陽光発電、風力市場が急拡大
> ・固定価格買取制度はドイツで課題が顕在化
> ・太陽光発電は首位の交代が相次ぎ、風力は寡占化
> ・地熱発電では日本企業3社が世界をリード

太陽光、風力の主要な事業者の変遷

2000年4月にドイツで施行された固定価格買取制度により、再生可能エネルギー市場は劇的に変わった。再生可能エネルギーの買取価格が保証されることで、世界中から投資を呼び込んだのだ。ドイツに続いて、60カ国で同様の法律が施行され、世界中で再生可能エネルギー市場が拡大した。

太陽光発電は、その中で最も発展した市場の1つである。2000年当時、日本は太陽光発電設備生産の世界トップの座にあり、シャープが首位を独走していた。しかし、固定価格買取制度が施行されて以降、ドイツのみならず、グローバル市場の変化を察知した中国メーカーなどが急速に台頭した。シャープ、京セラなどの日本企業は、2000年代中盤までは世界市場での首位を守ったが、2005年には、EUの太陽光発電の80％近くを独占したQセルズなどのドイツ勢に首位を奪われた。その後も、EU市場が拡大したことでドイツ勢に追いつくことはできなかった。

太陽光発電の技術がある程度成熟し参入障壁が低下してからは、中国企業が世界の上位を占めるようになった。2000年当時に創業し、世界市場で首位争いをするようになったのは、トリナソーラー、インリーソーラーなどの中国企業である。

太陽光発電ほど激しくはないが風力発電でも企業の盛衰が顕著だ。

2000年代初期には20社程度だった企業数は、企業統合などで12社程度まで減少した。統合の中心となったのは大手風力発電専業メーカーと各国を代表する重工メーカーだ。2014年度の段階で、首位デンマークのベスタス（シェア12.3％）、2位ドイツのシーメンスエナジー（9.9％）、3位米国のGEエナジー（9.1％）、以降中国の金風科技（9.0％）、ドイツのエネルコン（7.8％）、インドのスズロンエネジー（5.8％）、中国のユナイテッドパワー（5.1％）、スペインのガメサ（4.7％）と続く。これら10社で世界市場の7割を押さえている。近年は、大手重工メーカーが力を持ったことで、電力会社と連携した発電事業が多くなっている。

固定価格買取制度の変遷

固定価格買取制度の市場は一筋縄では成長しない。ドイツでは、2000年に再生可能エネルギー法が制定されると、電力供給の6.1％しかなかった再生可能エネルギー由来の電力は、7年後に11.6％と倍増した。一方で、賦課金額もkWh当たり0.19セントが0.88セントと4倍以上に上昇した。

2009年になると、2020年までに再生可能エネルギー由来の電力の比率を30％まで高めるとの目標が掲げられ、電力供給に対する比率は16.3％まで拡大したが、賦課金額も増加の一途をたどり1.32セントとなった。

こうした状況に対して、2012年になると、2年連続で太陽光発電の新規設備導入量が7,000 MWを超えるようになったことを契機に、買取価格が20～30％引き下げられ、10 MW以上の事業は買い取りから除外するなどの制度改正が行われた。この年には、電力需要に対する比率は23.6％、賦課金額は3.59セントに達している。政策変更により、設備投資は鈍ったが、設備容量は増え続け、2014年には、同上比率が28.5％、賦課金額は6.84セントとなった。

この段階になると、もともと14セント程度だった電力価格は1.5倍になった上、付加価値税などが増加したため需要家の負担は2倍程度となった。政策の変更による設備導入の加減速は、再生可能エネルギー設

備メーカーの経営にも大きな影響を及ぼすことになった。

● 勝ち抜く企業の特徴と動向

現在、世界市場の上位にいる太陽光発電、風力発電のメーカーは、政策に左右される再生可能エネルギー市場をグローバルで捉えてきた企業である。ドイツの動向で示したように、再生可能エネルギー由来の電力の導入量は政策に左右されるため、一国の市場に頼っていると、あっという間に設備過剰となるからだ。代表的なのは、2000年前後に創業し投資を拡大することで急速に業績を伸ばした中国企業である。

各国の市場を渡り歩くグローバル企業は、2008年のリーマン・ショックで米国、EU、日本などの市場が減速すると、逆張りで投資を拡大した。市場競争を勝ち抜くためには、競争相手を投資で引き離し価格競争力を高める必要があったからだ。しかし、2012年のドイツ市場の縮小などを受けて、積極的な投資を行った企業の経営は厳しい状況に直面する。一時は世界のトップに立ったドイツのQセルズが2012年に、中国のサンテックパワーが2013年に破綻した。

市場の加減速が太陽光発電ほど急激ではない風力発電では、企業の寡占化が進んでいる。大手の企業が統合を繰り返すことで、競争が穏やかになってきた。最近、首位のベスタス、2位のシーメンス、3位のGEの地位は安定している。太陽光発電、風力発電では、日本はグローバル企業の苛烈な競争から置いていかれた状態にある。

● 日本も地熱では寡占側にいる

再生可能エネルギーの中で日本メーカーが強いのは地熱発電だ。日本で発電利用できるだけの地熱を確保できるのは温泉地であることが多い。不純物が多く、高温の熱媒体を用いる地熱発電事業で安定操業するためには熱交換機や蒸気タービンに高い耐腐食性が求められる。こうした技術について高い競争力を持っているのが、三菱重工、富士電機、東芝である。この3社で世界の地熱発電設備供給の7割を占める。

世界の地熱資源は、米国3,900万kW、インドネシア2,700万kW、日

本2,300万kWの3カ国に集中しており、4位、5位のフィリピン、メキシコの600万kW程度とは大きな差がある。潜在力がありながら、日本国内では10年以上地熱発電施設が新設されてこなかったが、固定価格買取制度により市場が立ち上がり始めている。米国は、政府主導で技術開発投資が行われるなど、積極的に地熱開発が進められたことで最大の地熱発電市場となっている。マレーシアも電力需要が拡大し石油の輸入国に転じたことから、地熱発電の開発に積極的になっている。日本企業が事業を拡大するチャンスは多い。

再生可能エネルギー事業で成長するにはグローバルな取り組みが必須だが、生き残っていくためには日本企業の特徴に合った分野の選択が欠かせない。

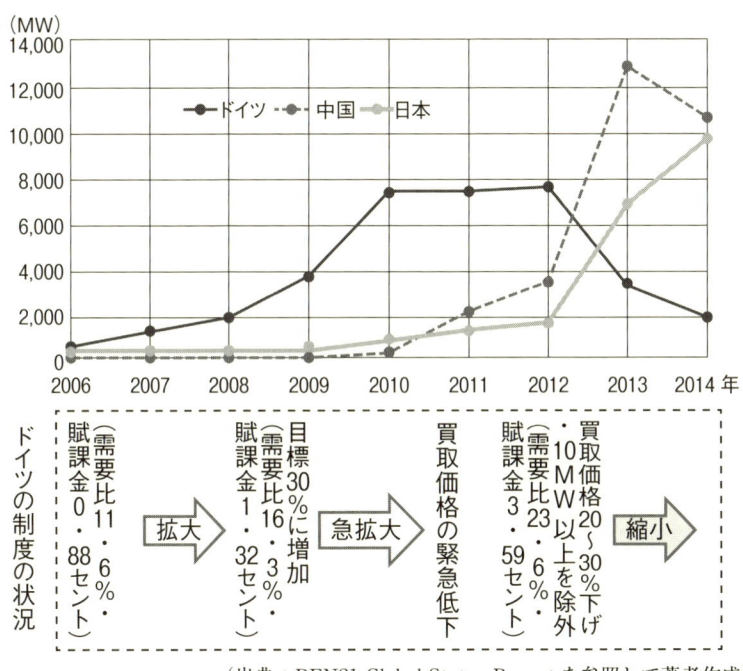

図表1-5　ドイツの制度の状況と各国の太陽光発電の導入推移

ドイツの制度の状況：賦課金0.88セント（需要比11.6%）→ 拡大 →賦課金1.32セント（需要比16.3%）→ 目標30%に増加 → 急拡大 → 買取価格の緊急低下 → 賦課金3.59セント（需要比23.6%）→ 買取価格20〜30%下げ10MW以上を除外 → 縮小

（出典：REN21 Global Status Report を参照して著者作成）

6 トータルサービスが勝負を分けるルーフトップ式太陽光発電

> **ポイント**
> ・長い歴史を持つ日本の住宅向け太陽光発電
> ・メーカー間の収益性に差をつけた事業戦略
> ・顧客獲得に重要なアフターサービスの信頼性
> ・固定価格買取制度解消後に問われるトータルサービス

歴史の長い日本のルーフトップ式太陽光発電

　世界的に太陽光発電と言えば、発電事業用のメガソーラーの導入量が多いが、日本では住宅向け太陽光発電が先行してきた。固定価格買取制度開始から20年遡る1992年、日本初の個人住宅向け逆潮流型の太陽光発電設備が導入された。その後、国や自治体などの補助もあり、環境意識の高い世帯を中心に少しずつ導入が進み、2004年まで日本は世界最大の太陽光発電導入国の地位にあった。当時はシャープや京セラなどの日本メーカーが太陽光パネル生産量において世界上位の座を独占していた。その後、ドイツなど固定価格買取制度を施行した国に導入量が抜かれた上、国内では補助制度が止められ日本の太陽光発電事業は失速した。

　それが、東日本大震災を経た2012年の固定価格買取制度の施行で一気に急拡大したのは、1章③節でも見たとおりである。同制度の下、日本の太陽光発電市場の急拡大をけん引したのはメガソーラーだが、家庭向けのルールトップ太陽光発電の市場も着実に拡大してきた。制度施行前に470万kWだった住宅向け太陽光発電の導入量は、2015年7月末時点で339万kW増え、合計809万kWとなった。導入を待つ認定量も407万kWあり、メガソーラーの認定量7,800万kWに比べると圧倒的に少ないものの、住宅向け太陽光発電市場の堅調さを考えると評価されるべき量と言える。

● メーカーの取り組み姿勢により異なる収益性

　従来、日本における太陽光発電メーカーのシェアは国内メーカー勢が圧倒的だったが、固定買取制度施行後はメガソーラーブームが世界的に注目され、海外勢の参入が目立った。日本市場での海外勢のシェアは3割に達しており、品質やブランドを重視する家庭向けに比べコストを重視するメガソーラー向けでは、特に、高くなっている。その分、国内メーカーはメガソーラー市場で厳しい価格競争にさらされた。メガソーラー市場でのシェアが高いシャープは、太陽電池セルの原料であるシリコンの安定調達を目的に結んだ2020年までの長期契約や、海外メーカーからのOEM調達が、円安でコスト高となったことなどで、売り上げが増えるが赤字も増える、という苦境に置かれた。

　シャープは新築戸建て向けの市場でもシェア27％で1位を保っており、以下、京セラが15％で2位、ソーラーフロンティアが11％で3位、パナソニックが6％で4位と続く。新築戸建向けでは、太陽光発電に力を入れる大手ハウスメーカーにいかに入り込むかがポイントになるため、古くから大手ハウスメーカーとの提携に力を入れてきたシャープと京セラがリードする構図となっている。

　一方、既築戸建て向けではパナソニックが32％と圧倒的なシェアを持っており、2位シャープ（17％）、3位東芝（14％）、4位京セラ（12％）を引き離している。三洋電機から受け継いだHITシリーズが高効率、高温に強い温度特性を持ち、限られたスペースで高い出力を発揮できることが強みとなっている。既築戸建向けでは、住宅メーカーの意図とは別に、需要家がメーカーを選択する傾向が強いため、施工やアフターサービスの信頼性がモノをいう。その点、旧パナソニック電工の基盤を引き継いでいるパナソニックが強みを発揮していると考えられる。

　既設住宅向けの強みを背景としたパナソニックの太陽光発電事業の収益力は高い。パナソニックの太陽光発電事業は、パナソニックのエコソリューション社が担っている。エコソリューション社は太陽光発電事業以外にも照明や空調機器も扱っているが、2015年3月期の同社の営業

利益率は 5.7％と、他のセグメントの 1.9％～4.5％より高くなっている。他社の太陽光発電事業と比べても、シャープが苦境に陥り、京セラの太陽光発電を扱うファインセラミック応用品関連事業の利益率が 1.1％にとどまる中、収益率の高さが際立っている。

● トータルなサービス提供が顧客を引き付ける

　パナソニックは、エネルギーサービスなどを手掛ける（株）エプコと協働で家庭用太陽光発電のアグリゲーション事業のための合弁会社「パナソニック・エプコエナジーサービス」を設立した。住宅から太陽光発電の小規模な電力を買取集約して販売する、アグリゲーション事業という新しいビジネスモデルだ。太陽電池を設置する家庭にとっては、固定価格買取制度の価格より電気を高く買ってもらえるメリットがある。現在では、エプコとの提携が解消され、パナソニック単独の事業となっているが買取事業は継続している。こうした太陽電池設置後のサービスは、経済性だけでなく、アフターサービスの信頼感を高めるため、メーカーを選ぶ際の強力な武器となる。

　パナソニックには、エコキュート、蓄電池、省エネ家電などを取り込んだ「スマート HEMS」で、トータルなエネルギーマネジメントを提案できる強みもある。固定価格買取制度では、10kW 以上の太陽光発電は全発電量を買い取ってもらえるが、それ以下の住宅向けについては、まず住宅内で自己消費した上で、余剰分を高値で買い取ることになっている。

　太陽光発電の発電出力カーブと家庭の需要カーブを比較すると、平日の日中は余剰が多くなる。現状では固定価格買取制度により余剰分を高値で買い取ってもらえるので、大型の太陽光発電を設置して売却益を享受することが多い。場合によっては、住宅ローンの返済に充てるケースもある。しかし、固定価格買取制度については、近い将来、単価の低減、もしくは制度自体の見直しが想定されるため、一時的に成り立つモデルとの見方も必要だ。高値買取のうま味がなくなると、住宅用太陽光発電の経済的メリットは大幅に低下し、蓄電や HEMS を使って最適な需給

制御することの価値が高まる。上述したアグリゲーション事業についてもしかりだ。

　各国の政策動向や海外企業との競争に翻弄されるメガソーラー事業に比べると、ルーフトップ式の太陽光発電は顧客サービスを取り込んで付加価値を高め、成長を維持できることが強みだ。将来的には、パッケージ化してアジア地域などに展開することも可能になろう。住宅に焦点を当てたエネルギーのトータルソリューションは工夫次第で持続的な成長性が期待できる有望な市場なのである。

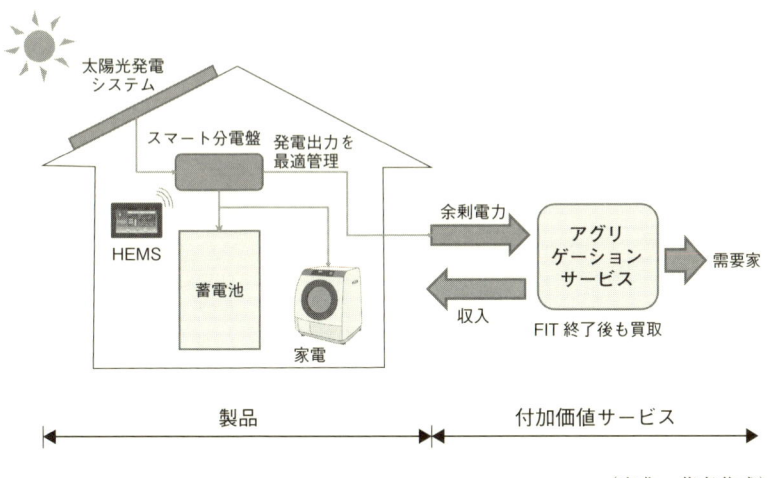

図表 1-6　トータルな太陽光発電関連サービス

（出典：著者作成）

7 国内をベースに成長する廃棄物発電事業

> **ポイント**
> ・高い発電効率を誇る日本の廃棄物発電
> ・廃棄物処理市場は縮小傾向だがエネルギー利用は拡大余地あり
> ・固定価格買取制度により収益性が改善
> ・国内市場をベースとした海外市場への事業展開に期待

● 廃棄物発電技術の向上

　国土が狭いため、日本では減量化、安定化の目的で廃棄物が焼却処理されてきた。最近では、焼却処理の過程で発生するエネルギーを利用した廃棄物発電が普及している。

　廃棄物は産業廃棄物と一般廃棄物に分かれる。一般廃棄物は自治体が処理の責任を負っており、多少の季節変動はあるものの、収集システムが確立されていることから量、質ともに安定している。一般廃棄物の半分は紙、食品残渣などのバイオマスであるため、有効利用すれば安定してバイオエネルギーを供給することができる。昨今では、廃棄物発電の発電効率は20％程度まで向上しており、エネルギーシステムとしての価値も高まっている。

　水分を多く含む生ごみを分離してバイオガス化するハイブリッド型の廃棄物発電技術も確立されつつある。例えば、川崎重工が山口県防府市向けに納入したハイブリッド型の発電設備は、中型の施設でありながら、23.5％の発電効率が達成できるという。

● 再生可能エネルギーとして重要な潜在力

　ごみの発熱量2,000 kcal/kg、発電効率20％という条件を想定すると、人口50万人規模向けの廃棄物発電施設の出力は10 MW以上になる。この内の半分程度がバイオマスであることを考えると、5 MW程度の木

質バイオマス発電と同等の再生可能エネルギーとしての潜在力があることになる。

現状でも廃棄物発電は、日本全体で約 8,000 MW の発電規模があり、国内の電力消費量の約 0.4% に当たる 3,000 GWh 以上が売電されている（以上、環境省データ参照）。固定価格買取制度で認定されている太陽光発電の年間発電量の約 2 倍、同じく風力発電の 10～20 倍に相当する規模だ。

しかし、以下のような理由から、国内の一般廃棄物処理の処理量は 2000 年をピークに減少に転じている。

・廃棄物処理施設の飽和
・リサイクル政策の浸透
・容器・包装などの簡易化
・エコ意識浸透による 1 人当たりごみ排出量の減少
・人口減少

今後も国内の一般廃棄物処理量が増加する要因は見当たらないことから、廃棄物発電を重要な再生可能エネルギーと位置づけるためには、将来的な廃棄物処理量の推移を把握することが重要である。

一方、発電量が増加する要因もある。処理規模が小さいために発電機を備えていなかった施設が公共サービスの集約化で売電ができる規模の施設となったケースがある上、発電機を備えている施設でも技術革新により、施設の更新のたびに発電効率の向上が期待できるからだ。

さらに、廃棄物発電により発生した熱を地域で有効利用しようとする動きもあり、一般廃棄物発電由来のエネルギー利用は拡大する方向にあると見ていい。

固定価格買取制度による収益改善

固定価格買取制度が廃棄物発電の収益を改善している。現在、一般廃棄物発電の電力のバイオマス相当分に対しては 17 円/kWh の買取単価が設定されている。従来 10 円/kWh で売電していた施設では、半分がバイオマス相当分とすると、売電価格が 13.5 円/kWh に増加すること

になる。

　自治体が運営している施設では、増収分を施設更新や施設撤去の原資として活用することが検討されている。PFIなどで施設運営を包括的に民間企業に委託している施設では、一定以上の売電量を確保するために契約で民間企業に売電量の下限を課している例や、民間企業に売電の権利を譲渡し施設運営費を低減している例がある。

　例えば、東京都三鷹市と調布市のごみ処理を実施している「ふじみ衛生組合」では、売電の権利を譲渡することで年間の施設運営費が実質的にゼロとなる運営を目指している。

　こうした事業では、権利を得た民間事業者はできるだけ効率的に売電を行おうとするので、再生可能エネルギーの供給量が増える。施設更新を検討している自治体では、ほとんどが固定価格買取制度を利用した売電を検討するだろうから、ごみ処理量当たりの売電量は確実に増加する。

世界的な廃棄物発電の普及

　日本には最終処分場の用地が限られている中で、安定的かつ長期的に廃棄物の処理を続けていくために焼却処理が普及してきた歴史がある。

　上述したように、廃棄物の排出量は今後増加することはないものの、極端に減少することも考えにくいから、安定的なエネルギー源として位置づけることができる。また、廃棄物発電施設は、設計に配慮すれば、木質バイオマス、農業残渣、下水汚泥などの受け皿にもできる。地域的なコンセンサスづくりは必要だが、その分だけ地域資源の有効利用を効率的に進めることができる。

　一方、海外では廃棄物は最終処分場にそのまま埋め立てるのが一般的だ。日本ほど廃棄物の焼却処理が普及している国はない。しかし、中国や東南アジア諸国など、急速な経済成長を遂げた国々では、人口の増加と1人当たりのごみ排出量の増加が重なって最終処分場の確保が難しくなり、焼却処理が注目されている。

　既に中国では、巨大なごみ焼却施設が次々に建設、計画されており、

これから廃棄物発電の普及期に入ると考えられる。COP21で二酸化炭素削減を公約したこともあり、廃棄物からのエネルギー回収が重要な政策として位置づけられることは間違いない。

日本の廃棄物発電技術は世界の最先端を走っており、大型の施設建設を受注するケースも増えている。例えば、日立造船は、2015年に中国の長沙市で5,100 t/日（850 t/日×6炉）という日本では考えられない規模の焼却施設の設計施工を受注している。

廃棄物発電事業は、国内の堅調な市場をベースに、成長性の高い海外の市場を取り込むことで、これまで以上に成長する可能性がある。

図表1-7　固定価格買取制度（FIT）適用による廃棄物発電の支出削減効果

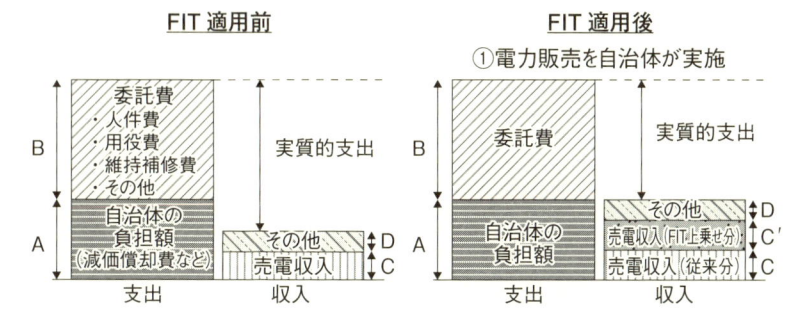

①：FIT上乗せ分により自治体の収入が増加し実質的支出が削減
②：FIT上乗せ分を含む売電収入が民間側に移るが、企業努力により売電増が見込め、実質的支出が①のケースよりもさらに削減

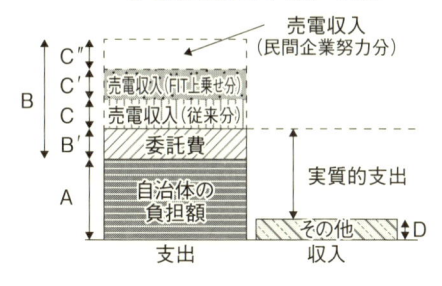

（出典：著者作成）

8 成長する海外火力発電事業

> **ポイント**
> ・電力需要減少と国民的省エネ努力で国内市場は縮小
> ・アジアの発電市場は経済成長で急拡大
> ・日本の発電事業は高効率発電に強み
> ・商社とエネルギー会社の連携で加速する発電事業の海外進出

尻すぼみの国内電力供給事業

　戦後一貫して増加傾向を示してきた電力需要は2007年以降頭打ちとなり、東日本大震災以降の国民的な省エネ努力により減少傾向に拍車が掛かっている。震災後、心配された電力不足を乗り切れた要因の1つは、産業界の総力を挙げた省エネ努力である。製造業はオイルショック以来の省エネ努力により、生産部門の省エネ余地は少なくなり"絞り切った雑巾"と言われていたが、2010年度から2014年度までに6.2%の更なる省エネを実現した（電気事業連合会「電力需要実績」）。

　長期的にも電力消費は減少していくと見るのが妥当だ。省エネ技術の進歩に加え、日本ではエネルギー多消費型の重厚長大産業の比率が低下することが予想される。業務用でも、これまでのようなエネルギー需要の増加は考えにくい。オフィス需要はいずれ頭打ちとなる上、最新の省エネ型ビルはエネルギー消費を半分以下にまで削減することができる。家庭向けでは、核家族化で世帯数が伸び電力需要を押し上げてきたが、世帯数の伸びは鈍化し、今後は減少に転ずると考えられる。その上、HEMS、燃料電池、太陽光発電などの導入が進めば住宅の電力消費は減少に転じる可能性が高い。

　日本総合研究所は2030年には2010年度対比で10～15%程度の電力需要の減少を見込んでいる（「節電をわが国成長のバネに」、藤波匠 リサーチフォーカス 2014年8月21日、日本総合研究所）。

市場が縮小する上、自由化により競争が激しくなればエネルギー事業者は収益性の確保が容易でなくなる。もともとエネルギー事業は公益事業として需要家からの価格低下要請が強かったが、需要減の中での競争で利益率は一層圧縮される。特に、火力発電は政策的な追い風がないため、燃料調達力や電熱併給などの強みを持たない企業が利益を上げるのは難しくなる。国内の電力供給で勝てる企業の数は限られる。

拡大する海外発電市場

一方、海外に目を転じると、経済成長が続くアジア諸国を中心に、エネルギー需要の拡大を背景とした発電事業の成長性は高い。中国は日本の約11倍、AEC（アセアン経済共同体）による統合市場を目指す東南アジアは約5倍の人口を持つから、これから上積みされる市場規模は巨大だ。

日本をはじめとする先進国では地球温暖化対策のために再生可能エネルギーの導入拡大が重要なエネルギー政策となっているが、発電施設の建設計画を見る限り、新興国・途上国の発電市場は別世界だ。拡大する電力需要に応えるために安定した電力供給が可能な大型の火力発電が続々と計画、建設されている。IEA（国際エネルギー機関）のWorld Energy Outlookによると、2013年から2035年の間にアジアでは1,266 GWと原発1,000基以上の火力発電が建設される見込みであり、事業機会は非常に大きい。特に、コストが安く、国際的な調達環境が安定している石炭火力へのニーズが強い。

欧米や日本と違いアジアの電力市場は規制市場である。発電所の増設が喫緊の課題であり、競争によるコスト削減よりも安定供給が優先されている。燃料価格や売電価格を固定することでリスクを限定できるIPP事業が可能なため、海外事業の経験が十分でない日本のエネルギー会社にも投資しやすい事業環境となっている。

電力供給の増加要請が強いため、国内事業と比べて発電事業の投資回収率が高いことも特徴だ。規制下の独占電力会社が相対的に高い単価での買い取りを保証してくれる。アジアの電力市場では、まだまだインフ

ラ資金の供給力が強くないため、海外の投資資金を呼び込みたいという政府側の意図もあり、事業環境は良好である。

商社とエネルギー会社の連携による海外展開

　魅力的な市場であるから、それだけ競争も厳しいが、日本の強みはIGCC（石炭ガス化複合発電）など高効率の発電技術を持つことだ。国内ではこうした先端技術が導入され始めており、今後本格的な海外展開が期待される。欧米企業との競争もあるが、発電効率の高い発電設備と運営ノウハウがあれば競争に打ち勝つことも可能だ。

　日本では歴史的に商社が積極的に海外発電事業を展開している。IPPが制度化されて以降、プロジェクトファイナンスによる海外プラント事業を手掛けてきた実績や長年培ってきた燃料調達ネットワークを持つことから、商社は事業拡大の機会と捉えてきた。特に、資源ビジネスで他商社に後れを取った丸紅は発電事業を積極的に手掛け、既に2015年9月時点で1,035万kWと地方電力会社を上回る発電能力を保有している。

　エネルギーの自由化を背景に、最近では電力会社、ガス会社が積極的に海外発電事業に参画している。自由化後の競争により国内シェアが低下することへの対処という面もあり、縮小する国内市場から収益拡大の機会を海外に求めている。こうして商社が手掛けた案件に技術力のある電力、ガス会社が参画する、という日本型の連携が典型的なパターンとなる。商社側も電力会社のノウハウで投資利回りが上がれば出資を分け合うことに躊躇はあるまい。

　福島第一原子力発電所の事故で経営再建中の東京電力も、新総合特別事業計画で海外発電事業を積極的に拡大する方針を示している。関西電力、中部電力、東京ガス、大阪ガスといった大手エネルギー会社も積極的だ。事業環境に優れた東南アジアなどで投資が進んでいる（**図表1-8**）。

　さらなる事業リスクを取る会社もある。大阪ガスは出資比率50％で始めたグアムのマリアナス・エナジー発電所の事業に50％追加出資し

100％の所有権を取得した。中部電力は、規制市場でリスクの低いアジア市場だけでなく、米国市場にも参入し、更なる成長機会を窺う。電力会社、ガス会社が商社との連携に限らず、独自で海外投資を行う機運が出てきたことが伺える。将来、国内で事業基盤を確立した勝ち組の電力会社やガス会社は、より高い投資回収が狙える海外投資を拡大すると考えられる。

自由化の成否は、力のある事業者がどれだけ輩出するかに掛かっている面がある。国内市場が縮小する日本では海外市場で勝てるエネルギー事業者が出てくるかどうかが自由化の重要な試金石となる。

図表 1-8　エネルギー企業による海外発電事業への参画例

対象企業	投資先国	投資内容	発電容量(MW)	出資比率	共同参画の商社
東京電力	フィリピン	パグビラオ石炭火力発電所の増設	1,123	50%	丸紅
	タイ	タイ大手IPP事業者共同経営参画	3,928	50%	三菱商事
	タイ	イリハン・ガスコンバインドサイクルIPP	1,200	10%	三菱商事/丸紅
	インドネシア	石炭火力発電所「パイトンI」「パイトンIII」の開発・運営	2,045	14%	三井物産
中部電力	タイ	ヒンクルット石炭火力IPPプロジェクト	1,400	30%	豊田通商
	オマーン	スール発電事業の事業権獲得	2,000	10%	丸紅
	米国	テナスカ発電所	4,780	16%	伊藤忠
関西電力	シンガポール	セノコ・エナジー火力プロジェクト	3,300	15%	丸紅
	タイ	ロジャナ火力プロジェクト	448	39%	住金物産
	台湾	国光火力プロジェクト	480	20%	ー
東京ガス	メキシコ	メキシコ北東部天然ガス複合火力発電所	2,233	30%	三井物産
大阪ガス	米国	マリアナス・エナジーIPP	845	100%	ー

（出典：各種資料より著者作成）

9 自由化で拡大するエネルギーファイナンス

> **ポイント**
> ・電力債廃止でファイナンス機会が拡大
> ・発電市場はプロジェクトファイナンスが一般化
> ・電力システムの課題である送電網整備には大きな資金需要
> ・小規模分散型に新たなファイナンスの機会

電力債に代わるファイナンスの必要性

　2014年11月の総合エネルギー調査会・電力システム改革小委員会・制度設計ワーキンググループにおいて、電力債廃止の方向性が示された。2020年の発送電分離後も発電会社、送配電会社、持株会社について5年間は電力債の発行が認められるが、その後は廃止されるという内容だ。電力債は事故の弁済を含むあらゆる債権に優先して返済を受けられる一般担保が付くという特例的な債券である。電気事業法に基づき、電力会社が安定的に資金を調達し、電力基盤を支えるために制度化された。しかし、送配電網がおおむね整備され、電力会社も競争市場の中の一事業者となることでその役割を終える。

　今後、電力債を補完する新たな資金調達スキームが必要となる。2025年までは電力債の発行が保証されるとはいえ、電力自由化で競争が始まれば燃料調達も電力販売も自己責任となり、電力会社の収益性を基にリスクが評価されるため、電力債の発行は制約を受ける可能性がある。東日本大震災直後の2011年度に電力会社の財務基盤が不安視され、電力債を発行できなかった事態が電力債の限界を示している。一般担保の効力は安定した規制市場とセットであると考えるべきだ。今後は、電力債が吸収していたリスクを電力会社、需要家、投資家で分担する枠組みが必要となる。

　電力債は日本の債券市場の約2割を占め、震災前の2010年度は年間

発行額が1兆円程度もあった。震災直後の2011年度には1,000億円を割るほど落ち込んだものの、2013年度には8,000億円を超える水準まで回復している。それをリスクファイナンスが補完していくとすれば、ファイナンスビジネスの大きな機会が生まれることになる。

プロジェクトファイナンス市場の拡大

　発電事業ではプロジェクトごとの資金調達が主流になる。自由化後に火力発電は燃料、場所、事業者、電力の買い手、事業期間など、事業の特性を踏まえてリスクが評価され資金が調達されるようになる。既に、東京電力の火力発電調達では、入札方式の下、外部の事業者や投資家からの提案が募られている。2015年8月に行われた600万kWの入札では、小売事業者の東京電力エナジーパートナーが他社から電力購入のリスクを引き取り、発電会社の東京電力フュエル＆パワーは一部の発電所にリスクを限定して資金調達リスクを回避した。最終的に落札したのは新日鉄住金や東燃ゼネラルなどだが、彼らは電力債に頼らずに資金を調達する。対象となる火力発電所は2019年4月から2024年3月に稼働を開始するが、既に自由化後の新たな資金が投じられたことになる。

　再生可能エネルギー事業では、引き続き固定価格買取制度に基づく安定収益を前提にプロジェクトファイナンスによって資金が調達される。ただし、今後はメガソーラーへの投資が減少し、風力、地熱、バイオマス、小水力など、リスク判断の難しい電源が中心となるため、専門的な高い評価力が求められる。事業者の側も、再生可能エネルギー特有の技術力や地元を巻き込んだ事業の枠組みづくりなどのノウハウを持つことが融資を受ける条件になる。

　固定価格買取制度の見直しで、メガソーラーで収益を見込む投資家が投資の出口として上場を目指している。東京証券取引所が2015年に新設したインフラファンド市場へのメガソーラー事業の上場が進む可能性がある。不動産会社のタカラレーベンは、2016年1月に第1号となるインフラファンド投資法人の上場を東京証券取引所に申請した。その他にも不動産投資ファンドを運営するスパークスやいちごグループホー

ディングスも上場の意向を示している。

需要の大きな送電市場

　送電分野では、基幹部分については、発送電分離後の送配電会社が資金を調達するが、プロジェクトごとのファイナンスにも可能性がある。電力会社が整備してきた地域送配電網の外縁部には、地域間の連系線や辺境部に賦存する再生可能エネルギーとつなぐ送電線の需要があるからだ。送配電会社の外縁部で、商社や金融機関などによる投資目的の送電事業、マーチャントライン事業が成立すれば、新たなエネルギーファイナンスの市場が拓かれる。

　地域間の連系線整備と地域内送電線の増強は東日本大震災を経た電力システム改革で必須の課題であり、再エネの導入拡大のための送配電網整備はエネルギーミックス実現のために不可欠である。発送電分離後でも送配電会社は総括原価方式を前提とした資金調達を行うが、広域機関（広域的運営推進機関）や市場等監視委員会による指導・監視、送配電会社同士の競争があるから、効率的な資金調達を行わざるを得ない。欧州では自由化後の送配電会社が海外に進出することも多く、投資家を招へいしての市場資金の調達にも積極的である。日本の送配電会社も、成長資金を捻出するために、送配電網整備に外部資金を導入する可能性もある。

小規模分散化する需要サイド市場

　需要サイドでは、各地で整備される分散型システムも新しいファイナンスの対象となる。具体的には、非常時の電力確保や効率的な電熱供給を目的とした工場、業務ビルのコジェネレーション、地域の再エネ資源を生かした地産地消のエネルギーシステムなどが対象となる。分散型システムでは発電設備だけでなく、蓄電池、需給制御システム、熱導管などもファイナンスの対象になり得る。分散型エネルギーシステム全体、あるいは熱導管だけを対象としたファイナンス、各地で導入される発電機に対する包括的なリースなど、バラエティある新しいエネルギーファイ

ナンスの機会が生まれる。

　電力システム改革に伴う電力債の廃止、再エネの大量導入、分散型エネルギーシステムの導入などで、エネルギーファイナンスは確実に伸びる市場と言える。ただし、事業機会を手にするためには事業を先行的に発掘してリスクを適正に評価し、事業者のニーズに合ったファイナンスを提供する知見、あるいは、助言やコーディネーションなどのサービスの充実が欠かせない。

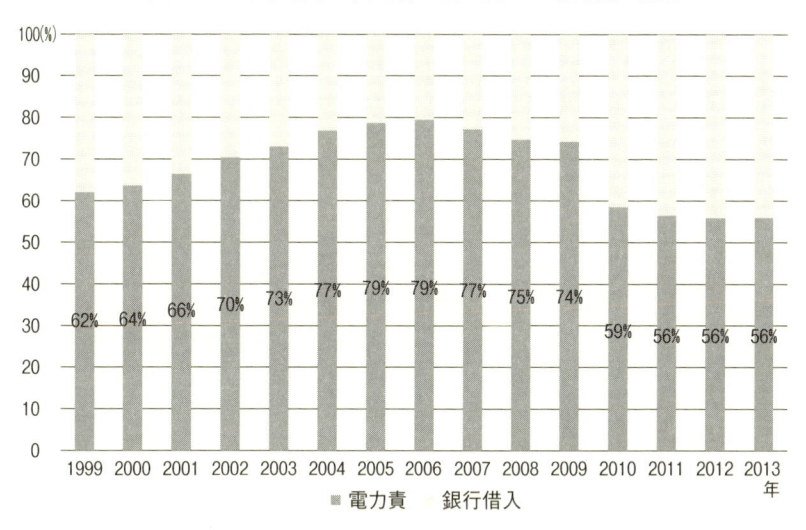

図表1-9　東京電力の長期借入金に占める電力債の割合

年	1999	2000	2001	2002	2003	2004	2005	2006	2007	2008	2009	2010	2011	2012	2013
電力債	62%	64%	66%	70%	73%	77%	79%	79%	77%	75%	74%	59%	56%	56%	56%

■ 電力債　　銀行借入

（出典：東京電力 HP を元に作成）

コラム 日本の良さを知ろう

　パリ協定では、アメリカと中国を含めた低炭素社会づくりに向けた国際的な合意が形成されました。議論の背景にあったのは誰の目にも明らかになってきた気候の変化です。今や、どこの国でも異常気象が年中行事のようになっています。社会的、経済的に看過できない大きな被害が出るのは、遠い先のことではないかも知れません。

　自然の変化を見ても、国際的な議論の流れを見ても、低炭素ビジネスが勢いを増すのは間違いありません。そこで、どのようなビジネスが成功するかを考える時、まずは、日本の良さをしっかりと受け止めることが必要だと思います。海外に出ると日本が低炭素技術で世界の先端を行く国であることを実感できるからです。電力自由化で出遅れたためか、昨今、欧米のビジネスモデルへの関心が強くなっています。しかし、冷静に見れば、自由化の対象となる電力市場は需要が減退する市場です。電力市場の成長の鍵は、低炭素分野が握っていると考えて間違いありません。

　日本は省エネルギーで世界をリードしてきました。そのために地道な技術の積み重ねを続けてきたことは多くの国でリスペクトされています。再生可能エネルギーがどのように位置づけられようが、省エネルギーは低炭素社会構築のための普遍的な価値感です。そこで高い評価を受けていることを前向きに受け止め、日本ならではのビジネスの切り口を見いだしていきたいと思います。

　例えば、トヨタ方式のハイブリッド自動車は目先の利益を求めず、将来の自動車のあるべき姿を追い続けた結果生まれたモデルです。今やそれが世界の自動車市場の合従連衡の核となっています。スマートハウスやZEBも中期的に見れば、必ず普及する建築物の将来像です。目先の収益に踊らず、政策に頼り過ぎることなく、設備・機器・不動産のあるべき姿を追い続ける日本企業の根幹は健在なのです。そこには第二、第三のプリウスが誕生する可能性が数多くあるはずです。

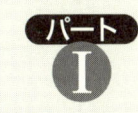

パート I
成功するビジネスと厳しいビジネス

第 2 章

厳しい状況にある
エネルギービジネス

1 ポジショニングが重要になる電力小売事業

> **ポイント**
> ・小売全面自由化で家庭向け電力事業への参入が過熱気味
> ・新規参入事業者から出始めた「電力事業は儲からない」の声
> ・ドイツでは合従連衡により巨大エネルギー会社が成立
> ・魅力を増す顧客密着型電力供給

● 小売事業への積極的な参画

　PPS登録を行った企業は2016年3月1日時点で799社に上る。2015年8月3日からは、2016年4月の電力小売全面自由化を機に、電力会社とPPSが統合され新設される「小売電気事業者」の登録が開始され、登録日初日には1番乗りを目指して徹夜組が出たほどの熱気だった。2016年2月23日時点で、産業用・業務用に電力を販売してきたエネット、独自で電力事業拡大を始めた東京ガスや大阪ガス、新たに電力事業を手掛ける静岡ガスや北海道ガス、ガソリンとのセット販売を狙うJXエネルギー、マンション向け電力一括供給サービスを行ってきた中央電力、CATV事業者のJ-COM、自治体が主導する泉佐野電力など199社が登録されている（図表2-1）。水面下で準備を進める企業も多いと言われ、参入の数は増加の一途をたどりそうだ。

　ウェスト電力など固定価格買取制度により急増したメガソーラーを活用した再エネ型小売事業者の増加が今回の登録者の特徴の1つである。メガソーラーで利益を出した事業者が次の事業機会として小売事業に興味を示している。2016年4月の小売全面自由化はこうした事業者の競争で熱を帯びることになりそうだ。

● 徐々に見える電力会社の底力

　しかし、小売事業への参入を試みた企業の中からは、早くも「電力は

儲からない」との声が出始めている。規制緩和という耳障りの良い言葉と、メガソーラーバブルでの利益に触発され、過大な期待を持ったのが原因だろう。電力小売ビジネスは利益率が低いことを理解せずに参入した企業が現実に気付き始めた側面もある。需要家への低廉で安定した電力の供給を大命題とする電力ビジネスでは低コストの電源の確保が必須条件だが、新規参入事業者にはそのための機会が限られる。

　小売全面自由化、発送電分離と電力システム改革が進むにつれ、電力会社の圧倒的なコスト競争力が認識されることになる。戦前から高度成長期に開発された水力発電、原子力発電、石炭火力発電という低コストの電源の大半は電力会社が保有する。大規模河川の水利権は電力会社が押さえ、周辺環境への影響や合意形成の問題で原子力発電、石炭の立地は限られる。これらに比肩する競争力のある電源を持つ企業が現れることは考えにくい。

　そもそも自由化は、電力会社が握っている市場を新規参入事業者に明け渡すことが目的ではない。企業間の競争を促し低廉で質の高いサービスを提供すること、グローバルに競争できる事業者が輩出すること、が自由化の本質的な目的と言える。その中で、最近多くの人が口にしているのは、新規参入事業者がどこまで競争力を持つかではなく、電力・ガス会社が合従連衡し、「いずれは数社に統合」されるというシナリオだ。力を持つ企業の統合は、規模の経済が働くエネルギー市場の合理的な帰結でもある。縮小する国内市場では先行して自由化が進む石油業界のように、統合による設備効率化が必須になる。JXエネルギーと東燃ゼネラルの統合で、業界勢力が2つに収れんしつつある石油業界は遠くない将来の電力業界の方向性を示している。これまでの電力業界からは想像しにくいが、かつて鉄鋼業界、銀行業界が2、3の大グループを中心に収れんすることを想像できた人は少なかった。

　電力自由化の進んだドイツでは8大電力が4大電力になった。自由化後に参入者が増えた後、規模が小さく特徴のない事業者が淘汰された結果だ。既存事業者は更なる規模拡大を目指して統合を進め、集約化が進んだ。その結果、E.ONのような世界最大規模の電力会社が誕生したの

である。E.ONはイギリスなど海外への進出も積極的で、ドイツの枠を超えて事業を展開している。これが、電力業界が参考にしてきたドイツの電力業界の自由化後の姿である。製造業が力を持つなど需要構造が日本に近く、日本のように民間電力会社が主体であるドイツがたどってきた道のりは注目に値する。

可能性のある新規参入ポジション

大手同士が統合する市場で、新規参入者にとって限られた機会は顧客側にある。エネルギービジネスは規模の経済が働くが、顧客接点も重要な要素だ。顧客接点を生かした事業は、電力会社が苦手とする事業スタイルでもある。家庭向け市場では必ずしも経済合理的とはいえない意思決定を行う消費者を相手しなくてはならない。自由化に向けて電力会社の中で最も際立った動きを見せる東京電力が携帯ショップという強力な顧客接点を持つソフトバンクなどとの提携を急ぐのもそのためだ。大手電力会社による顧客接点企業とのアライアンスは今後も拡大する。ローソンの電力参入も報じられたが、消費者向けブランドを持つ企業が、収益拡大と顧客接点強化を期待できる電力市場に参入する動きは今後も広がるだろう。

10年以上の歴史がある欧米の自由化との違いは、この間のインターネットの発達などの技術革新と、コンビニなどの強力な顧客接点の成長だ。欧米の自由化と違うブレークスルーがあるとすれば、こうした技術革新や日本市場の特徴が注目されるべきだ。

取次代行、代理店など、供給側に重心を置くPPSに比べ小売側に視点を置く参入形態が資源エネルギー庁により検討されている。これはイギリスなどで行われたホワイトラベル（相手先ブランドでの電力販売）を日本でどう取り扱うかの議論の中で生まれた。イギリスではセインズベリーなど小売業が自社ブランドで電力販売を行ったり、ポイント還元の仕組みを提供したりした。

電力供給能力を軽視して安易な参入をしないように配慮しつつ、小売側の意見も踏まえ、日本型のホワイトラベルが導入されることとなっ

た。こうした事業形態が実現すれば電力供給を他企業に任せ、需要家の囲い込みでポジションを確保することが可能となる。楽天が検討している楽天市場と連携した事業モデルもそうした事業ポジションの1つと言える。強力な顧客接点を持ち、ブランド力のある企業が電力会社や力のあるPPSと組めば、規模の経済が働く電力市場でも、消費者に新たな価値を提供して存在感を発揮することができる。

図表2-1　新規参入の小売電気事業者の例

	企業名	供給予定地域
既存PPS	エネット	沖縄県を除く全国
	F-Power	沖縄県を除く全国
電力会社	テプコカスタマーサービス	近畿、中部
	ケイ・オプティコム	ー
ガス会社	東京ガス	関東圏
	大阪ガス	ー
	静岡ガス＆パワー	静岡県およびその周辺地域
	北海道ガス	札幌、小樽、函館、千歳、北見等
石油会社	JXエネルギー	関東、近畿
	東燃ゼネラル石油	関東、甲信、東海、近畿
	昭和シェル石油	関東、中部、近畿
不動産	大和エネルギー	ー
	東急パワーサプライ	関東、山梨県、静岡県（富士川以東）
一括受電	中央電力エナジー	関東、近畿（一部地域を除く）
再エネ	ウエスト電力	東北、関東、中部、近畿、中国、九州
自治体	一般財団法人泉佐野電力	大阪府
情報通信	ジェイコム	ー

（出典：各種資料より著者作成）

2 新たな枠組みを模索する送電事業

> **ポイント**
> ・東日本大震災で送電網の整備不足が顕在化
> ・期待される民間主導のマーチャントライン
> ・実現容易ではないマーチャントライン
> ・広域機関と送電会社への期待

送電線整備の旺盛な需要

　東日本大震災で地域間の連系線の容量不足が露呈したことの反省もあり、電力システム改革の目玉として2015年4月に設立された広域的運営推進機関（広域機関）では地域間の電力融通を事業目的に掲げている。島嶼部を除く日本全土での自由で安定した電力供給を支えるためには、北海道と本州を結ぶ北本連系線、50〜60 Hzの東西周波数変換所、東北と関東の連系線、再エネの豊富な九州と本州の連系線など膨大な送電線整備の需要がある。

　電力の需要地から離れた地域に眠っている再エネ資源を運ぶための送電線の整備も重要だ。日本では人口密度が低い北海道北部や東部などに豊富な再エネ資源があるからだ。大量の再エネ電力を需要地近くの送配電網まで運ぶことができれば再エネ開発の余地は大きく広がる。

　欧州では国境を超え、風力発電と需要地を結ぶ広域の送配電網に多額の投資が行われてきた。当初は、EU統合に伴う電力の欧州統合市場を形成するために送電線が整備された結果、電圧・周波数変動の大きい再エネを送電網全体で受け入れる環境が作り出された。小さなため池より巨大なプールで調整した方が変動を均すことができるからだ。ドイツ、デンマークをはじめ、欧州では再エネ導入が拡大の一途にあり、再エネ資源の豊富な地域と広域送配電網をつなぐ送電線の整備の必要性が増している。ドイツの北部に集中する風力発電の電力が南部の工業地帯へ送

電する際に、直接南北をつなぐ送電線が不足しているため、隣国のオランダを経由してドイツ北部から南部へ送電されるという事態も起こっており、送電網の拡充は欧州全体での懸案事項となっている。

◆ チャンスとリスクが混在するマーチャントライン

こうした中、投資収益を目的としたマーチャントラインと呼ばれる事業方式による送電線整備も増加している。マーチャントラインは電力の余っている地域と足りない地域の値差を利用して利益を追求する事業である。この方式によれば送電線整備が進んでいない地域でも、地域間の新たな連系線や再エネ電力の送電のための接続線を整備できる可能性がある。日本の送電事業は収益の安定した事業だが、マーチャントラインはリスクもある代わりに収益の拡大も期待できる。東欧の需要拡大や再エネの送電需要の拡大を捉えつつ、設備投資コストを抑制し、送電の効率性を高められれば、収益を上振れさせることができる。

日本でも、風力発電資源の豊富な北海道や東北地方からの再エネ接続線をマーチャントライン方式で整備する動きが出ている。ユーラスエナジー、ソフトバンクなどは北海道で日本風力開発などは青森で、丸紅などは秋田で事業の検討を開始した（**図表2-2**）。固定価格買取制度の収益を期待して風力発電を開発しようとする事業だ。経済産業省も「風力発電のための送電網整備実証事業」により予算を確保し、これらの動きを支援している。

しかし、実現は必ずしも容易ではない。北海道の留萌でソフトバンク、三井物産、丸紅が進めていた日本送電株式会社の事業は関係者の合意が取れず凍結の方針が示された。風力発電の開発の行方次第という収入リスクをどのように分担するかを合意するのが難しかったとされる。複数株主の間での意思決定構造が複雑になったこともマイナスに働いた可能性もある。先行する事業が凍結されたことで、次に続く事業のリスクを引き受ける事業者が出てきにくくなることが懸念される。

日本で民間主導型送電事業が成立する条件

　日本でマーチャントラインのような送電事業が成立するためには3つの条件が必要だ。

　1つ目は、制度的な裏づけである。長期の資金回収が必要となる送電事業への投資はしっかりとした裏づけが必須だ。電力会社の送配電網整備は電気事業法に基づく総括原価方式の下で整備された。

　2つ目は、リスクを担保する公的な主体の存在である。PFIでは公共機関が最終的な責任を取る中で、民間事業者が有限リスクを前提に投資を行う。欧州のマーチャントラインでも事業者が全てのリスクを取っている訳ではなく、規制機関がリスク分担のための事業スキームを設計している。

　3つ目は、エネルギー分野特有のリスクを理解した民間事業者の存在である。投資資金の確保には対象となる事業特有のリスクを理解する投資家や融資機関の存在が不可欠だが、日本にはそうした事業者が十分育っていない。固定価格買取制度でエネルギー事業に理解のある投融資機関が出てきたが、送電事業への理解はまだまだだ。

　巨額の資金を要する送電事業では、多くの投資家が参入できる事業構造が必要だ。そのためには、投資リスクを限定できる枠組みを作った上で、民間企業が投資と運営のリスクを取ることが必要だ。有限リスクの下で民間企業が創意工夫によりコスト削減やサービスの向上を図れば、付加価値の高い送電事業を立ち上げることができる。リスク構造をシンプルにするための枠組みも必要だ。例えば、風力発電事業者が送電事業をセットで手掛ければリスク構造を単純化できる。

広域的運営推進機関への期待

　民間事業者が負う送電事業のリスクを限定するために、広域的運営推進機関（広域機関）が送電線事業の主体となることも考えられる。現状では、広域機関は電力会社の送電運用や発電事業者などによる電源接続を監視する立場だが、政策的な枠組みを作ることで送電事業を担保する

ことも考え得る。PFIで自治体が事業の最終リスクを負えるのは、地方財政法で自治体の財務リスクが国によって担保されているからである。現状、広域機関は送電事業のリスクを担うための財務基盤を持っていないが、電気事業を所管する経済産業省がリスクを担保すれば広域機関が送電事業を進めることも可能になる。送配電網整備のためには国、公的機関、民間事業者とのリスク分担の仕組みづくりが不可欠だ。

　一方、2020年に発送電分離が実施されると、各地域の送配電会社が積極的に地域の隙間を埋める送電事業に乗り出す可能性もある。これまで送電事業を手掛けてきた送配電会社が送電事業整備に乗り出せば、送電事業の整備、運営の信頼感が高まる。資金力のある商社などが送配電会社と連携するようになれば、東日本大震災以降、課題が認識されながら進んでこなかった送配電網整備が動き出す可能性もある。

図表2-2　日本におけるマーチャントライン事業の取組み

	マーチャントライン会社名	中心企業	規模
北海道	日本送電（事業休止）	三井物産、丸紅、SBエナジー	300〜600 MW
	北海道北部風力送電	ユーラスエナジー	300〜600 MW
一括受電	秋田送電	丸紅、秋田銀行、北都銀行	600 MW
再エネ	上北送電	青森風力開発、岡山建設、開発電業、日本電機工業、日本風力開発、むつ小川原洋上開発	900 MW

（出典：各種資料より著者作成）

3 絞り込みが求められるバイオ燃料事業

> **ポイント**
> ・化石燃料を代替できる唯一の再生可能エネルギーの利用形態
> ・再エネ中心時代への橋渡し役として期待
> ・国内のバイオ燃料事業は苦戦の歴史
> ・日本の状況に見合った燃料と供給先を絞り込む政策が必要

化石燃料の代替としてのバイオ燃料

　バイオエネルギーには様々な利用形態があるが、バイオ燃料は最も重要な利用形態だ。燃料化すれば、ガソリンや航空燃料への混合や化石燃料の代替が可能だからである。

　燃料化には以下のようなメリットがある。

　　・輸送、貯蔵が容易
　　・化石燃料用のインフラ・設備の利用が可能
　　・化石燃料との混合利用が可能
　　・発電などの効率が高い

　燃料化で重要なのは燃料化の過程で投入するエネルギーとコストを最小にすることである。コスト水準を化石燃料、ないしは化石燃料の低炭素化コストに近づけることができれば、化石燃料のインフラを使える分だけ利用は広がる。

　再生可能エネルギーの比率が高まってくると、バイオエネルギーには風力や太陽光発電の変動調整や熱供給の役割を担うことが期待される。当面は、こうした役割は化石燃料が担うが、上記のメリットは、バイオ燃料には化石燃料中心の時代から再生可能エネルギーの中心の時代への橋渡し役を担うポテンシャルがあることを示唆している。

● バイオ燃料事業の破綻

こうしたポテンシャルがあることから、次世代の燃料として様々なバイオ燃料が研究されてきたが、必ずしも事業化が順調に進んでいるとは言えない。

2015年6月、北海道バイオエタノールが解散することとなった。同社は、2007年6月に設立され、農林水産省の補助金を使ってテンサイや食用外の小麦を原料としたバイオエタノールを製造してきた。しかし、原料価格の高騰により収益性が悪化した上、農林水産省の補助金が打ち切られたことで事業の継続が困難となった。

また、オエノンホールディングスはグループ会社である合同酒精のバイオ技術を生かして米を原料とするバイオエタノールの製造を行ってきた。しかし、北海道バイオエタノールと同様、補助金なしでは事業の黒字化が難しいと判断し、2015年3月に撤退を決めた。

● バイオ燃料事業が成長しない理由

バイオ燃料事業の立ち上げが難しい理由は主に2つである。

1つ目は、原料の調達コストである。上述した2つの例では、作物生産コストや輸送費を含む原料のコストを下げることができず事業継続が難しくなった。現在世界のバイオ燃料市場の中心となっている米国では、広大な国土を活用して原料となる農作物を大量生産し、大量輸送により輸送費を下げることで燃料としての経済性を維持している。国土の狭い日本で大量生産、大量輸送によりコストを下げることは困難だ。採算性を確保するためには下水汚泥、家畜糞尿など回収システムができている静脈系のバイオマスを利用するなどの工夫が必要だ。

2つ目は、化石燃料と混焼させるための受け入れ体制である。石油連盟がバイオエタノールと石油系ガスのイソブデンから合成した「バイオETBE」を1％以上配合したガソリンの販売を始めるなど、一部でバイオ燃料の利用が始まっている。ただし、現状の燃料システムへの影響を与えないことを前提に慎重に受け入れ比率が決められている上、用途に

ついても限定的だ。全国的にバイオエタノールの受け入れ体制が整備されているとは言い難い。

政策形成への期待

伸び悩むバイオ燃料事業であるが、化石燃料資源を持たず、太陽光や風力発電の変動調整の負担が大きい日本としては、可能性を追求し続けざるを得ない。

農作物や植物を使った動脈系のバイオ燃料事業が苦戦する中、藻類バイオへの期待が高まっている。農産物に比べてエネルギー採取の効率が圧倒的に高いことが理由だ。ユーグレナ社は、藻類を原料としたバイオ燃料の航空用燃料への適用を目指して、横浜市の支援の下、実証プラントの建設を進めている。実証プラントは2018年に稼働開始の予定であり、2020年には国内生産・国内調達原料を用いた「バイオジェット・ディーゼル燃料」の実用化を目指すとされている。バイオジェット燃料については全日空と、ディーゼル燃料についてはいすゞ自動車と提携して開発が進められる。航空機の低炭素化には、軽量化やエンジンの効率化などによる省エネと燃料の低炭素化以外に術がないため、バイオ燃料が受け入れられやすい事情がある。

藻類の培養では、筑波大学が下水処理プロセスとの融合を目指している。下水の栄養分を活用することで生産コストを低減しつつ、2次処理水の放流による富栄養化を防ぐ効果があるという。IHIやデンソーも個別に藻類の培養技術の開発を進めており、燃料の生産効率は一層向上するだろう（**図表2-3**）。

過去の失敗と航空機燃料の例が示すのは、バイオ燃料事業ではバイオ燃料への要請が高い具体的な需要先を確保することが必須条件となることだ。海外の事業形態を単純に踏襲しても国内で成功する訳ではない。バイオ燃料の可能性は、日本の状況に見合った燃料と供給先を絞り込んだ上で、政策面での枠組みを作れるかどうかに掛かっている。

3 絞り込みが求められるバイオ燃料事業

図表 2-3　藻類バイオの研究開発状況

機　関	藻類種	研究開発状況
ユーグレナ	ユーグレナ（和名：ミドリムシ）	世界で初めてミドリムシの屋外大量培養技術を確立。ミドリムシを原料としたバイオ燃料の航空用燃料への適用を目指して神奈川県の鶴見にあるリーディングベンチャープラザ1号館研究室と、石垣産ユーグレナの産地である沖縄県の石垣島に生産技術研究所を設け、ミドリムシに関して多岐にわたる研究を実施。
筑波大学	ボトリオコッカス、オーランチオキトリウム	「藻類産業創生コンソーシアム」を設立し、藻類バイオマスのエネルギー利用を実用化するための複数の産官学連携研究を進める。下水処理プロセスとの融合による高効率な藻類培養方法を研究。
デンソー	シュードコリシスチス	中央大学、京都大学、お茶の水女子大学と共同でデンソーが特許を持つ新種の藻に CO_2 を吸収させてバイオ燃料を生産する研究を実施。バイオ燃料の実用化に向け、熊本県天草市に国内最大級となる 20,000m^2 の敷地で、微細藻類の大規模培養実証施設を建設。
IHI	ボトリオコッカス	株式会社ちとせ研究所および有限会社ジーン・アンド・ジーンテクノロジーと共同で、2011年にIHI NeoG Algae合同会社を設立し、藻類を活用したバイオ燃料製造の技術開発を実施。（独法）新エネルギー・産業技術総合開発機構（NEDO）の委託事業でバイオ燃料用微細藻類（ボトリオコッカス）の屋外大規模培養（培養池面積1,500m^2）に成功。

（出典：各種資料より著者作成）

4 エコカーの将来ビジョンを待つ電気自動車

> **ポイント**
> ・電気自動車は環境性と燃費に優れる
> ・エネルギー密度と充電時間が課題
> ・ガソリン車全てを代替するには新たな課題も
> ・電気自動車の優れた特性を生かしたエコカー市場のビジョンが必要

電気自動車への期待と伸び悩み

電気自動車はガソリンエンジン車の誕生よりも5年早い1876年に誕生したが、蓄電池の性能が不十分で普及しなかった。日本では1970年代の石油危機を契機に開発が進められたが、当時の鉛蓄電池では自動車としての使用に耐える性能を確保できなかった。

電気自動車が再び注目を集めるようになったのは、1990年にカリフォルニア州でZEV（Zero Emission Vehicle）規制が制定された時だ。自動車メーカーは、1998年までに、販売台数の2％を「ZEV＝排出ガスがゼロの車両」とすることが義務づけられた。排出ガスがゼロの車両とは、究極には電気自動車と燃料電池車を指す。

1990年代末には、鉛蓄電池の2倍のエネルギー密度を持つニッケル水素電池が利用できるようになり、EVの実用車がカリフォルニアで次々に導入された。2000年代に入ると、リチウムイオン電池が登場し、エネルギー密度は更に2～3倍に増え、航続距離が200kmを超える量産車が販売されるようになった。

電気自動車が本格的に実用化された2009年、環境省は2050年には中小型車のほとんどが電気自動車になる、との予測を打ち出した。電気自動車の特徴の1つは燃費の高さである。内燃機関に比べて摩擦や排気による熱の発生がないことに加え、高効率のモーターを使うため、平地であればガソリン車の3倍程度の燃費が得られる。

こうした期待を受けて、2009年には三菱 i-MiEV、2010年には日産リーフの量産が始まったが、当初の販売は芳しくなかった。一般に、新車販売では発売直後に販売数が伸びる。全く新しい自動車であるハイブリッド車が出た時でも発売当初の伸びがあった。しかし、電気自動車はこの伸びがなく、年々増加はしているものの、販売の伸び悩みが続いた。ハイブリッド車でも、初期には市場の立ち上がりを見せた後は伸び悩んだ。それが、大きく伸び始めたのは5年後に第2世代が発売されてからだ。電気自動車は発売から5年を経ており、今年予定されているモデルチェンジが今後の販売を占う節目となる。

電気自動車の課題

燃費に優れ排気ガスを出さない電気自動車の販売が伸び悩んだ主な理由は、高い価格と、航続距離の短さと充電時間の長さである。

ガソリンのエネルギー密度が 9,000 Wh/kg（ガソリンタンクの重量を考慮）あり、リチウムイオン電池のエネルギー密度 150 Wh/kg の 60 倍にもなる。ガソリンエンジン車と同程度の航続距離を確保するためには、1.8 t のリチウムイオン蓄電池を搭載しなくてはならず現実的ではない。ただし、電気自動車の燃費が3倍程度いいことを考えると、必要量は 600 kg 程度まで減る。航続距離を半分に減らせば、電池重量を約 300 kg まで削減できる。それでも、蓄電池の性能が画期的に変わらない限り遠乗りは電気自動車の課題であり続ける。

さらに大きな課題は充電時間である。急速充電を使っても、電気自動車の充電には1回30分程度、ガソリンスタンドに比べると10倍程度の時間が掛かる。充電スタンドが5台の急速充電器を備え1日の稼働率が深夜を除き70%とした場合、利用できるのは一日130台程度になる。ガソリンスタンドは自動車約2,000台に一軒の割合で設置されているので、電気自動車がガソリン車を代替すると考えると15倍程度の充電スタンドを設置しなければならない計算になる。

また、急速充電を行うには1台当たり 50 kW を必要とする。これは一般の住宅約30軒分に相当する電力量だ。東京電力管内にはガソリン

スタンドが約 9,000 カ所あり、これを充電スタンドで代替すると 14 万カ所となり、日中最大 3,500 万 kW の電力需要増に発生する可能性に備えなくてはならない。東京電力のピーク電力の 8 割程度に相当する規模だ。現実に電力系統の容量がここまで整備されることはないので、充電時間が重ならないように調整することになろう。再生可能エネルギーの変動負担が急拡大する中で、電気自動車が急増した場合には変動調整の機能を一層強化することが必要になるかも知れない。

リチウム資源の限界

　電池材料の問題もある。科学技術動向センターの調査によれば、電気自動車 1 台の蓄電池を 20 kWh とすると、1 台当たりに必要な金属リチウムは 28 kg となる。現在、世界の鉱山におけるリチウム生産量は約 3 万トンで年々増加している。しかしながら、6,000 万台に上る EU、北米、中国、日本の年間の自動車販売台数の全てが電気自動車になった場合、金属リチウムは年間 168 万トン必要になる。現在のリチウム生産量の 50 倍以上に相当する上、6 年で金属リチウムの全埋蔵量 990 万トンに達してしまう計算になる。現在、リチウムの代替材料の開発が進められているが、金属リチウムに代わる高効率材料はいまだ得られていない。

　2009 年の環境省の予測では、2050 年の温暖化ガス 80％削減に向けて、水素やバイオ燃料などを用いる一部の車両以外の中小型の車両が全て電気自動車になるとされている。将来は全車両が電気自動車になるという予測もある。

　しかし、電気自動車にはトラックのような大型長距離輸送への適用が見えていない上、全てを電気自動車にした場合には上述したような課題を抱える。

　CARB（米カリフォルニア州大気保全局）の次世代自動車の予測では、電気自動車の 2050 年のシェアは 4 分の 1 程度とされている。4 分の 1 程度の市場とは、現在、軽自動車が担っているような小型車両による近距離移動の市場である。電気自動車が燃費、環境性能の面で優れた技術であることは間違いない。しかし、ガソリン車が果たしてきた役割の全

てを1つの技術でカバーすることは難しい。PHVや燃料電池自動車などを含む複数のエコカーが各々の特性を生かして代替していく将来像が共有されていくことが必要になる。

図表2-4(1) 電気自動車とハイブリッドの市場立ち上がりの違い

（出典：著者作成）

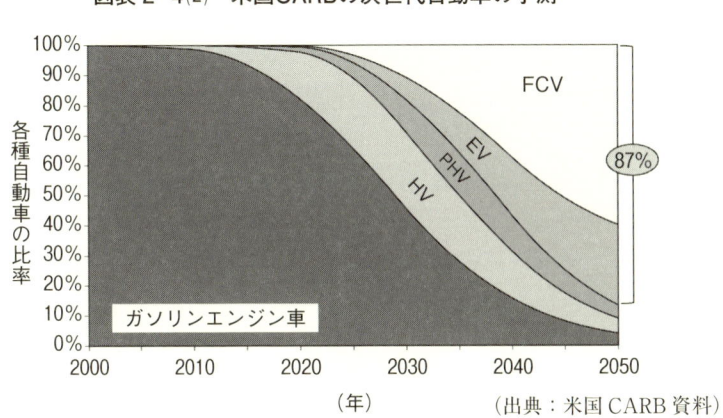

図表2-4(2) 米国CARBの次世代自動車の予測

（出典：米国CARB資料）

5 岐路に立つクリーンディーゼル車（その他エコカー含む）

> **ポイント**
> - クリーンディーゼルには技術的限界も
> - エネルギー最適化を目指すハイブリッドとの性能差
> - 天然ガスが安価に入手できる国々で普及する天然ガス車
> - 微細藻類による技術革新、穀物多い国で期待高まるバイオ燃料車

クリーンディーゼル・スキャンダルの背景

　2015年9月、独VW社が排ガス試験で不正なソフトウェアを使っていたことが米国環境保全局（EPA）により明らかにされた。対象は、2009年から2015年までに米国内で販売された一部のディーゼル車であり、米国内で48万台、全世界では1,100万台に達するとされる。

　ディーゼルエンジンは燃料が安価である上、ガソリン車に比べて燃費が良いことからEUでは根強い人気がある。1980年代後半に小型ディーゼルとターボチャージャーの組み合わせで一層燃費が高まると、元来の高トルク性能と相まって、ガソリンエンジンと人気を二分するようになった。さらに、2000年代には、コモンレールや燃料の微量噴霧ノズルなどの技術的革新によって、問題とされていたPM粒子の排出性能も改善され市場を拡大した。

　一方、ディーゼルエンジンには、燃料を高温、高圧で燃焼するため、NOxが発生しやすいという基本的な課題がある。NOxを低減するには、低温、低酸素で燃焼する「クールドEGR（排ガス再循環）」などの技術を使えばいいが、燃費が低下してしまう。ディーゼルエンジンの排ガス性能と燃費性能は相反する関係にあるのだ。そこで、通常運転時は燃費性能を、排ガス試験の時には排ガス性能を重視するようにエンジンを制御したのが今回の不正である。

　また、排ガス規制が強化される中、HVなどで規制をクリアして売り

上げを伸ばすトヨタなどとの競争にさらされる一方で、燃費へのユーザーからの要請の圧力を受け、技術的に苦しくなったとの見方もあり得る。

埋めがたい HV との差

　ディーゼルエンジンは高性能な低燃費車を安価に提供する技術とは言え、自動車需要が拡大する中国、南米、アフリカなどでの販売を有利に展開するための選択肢でもあった。エンジンとモーターの最適な組み合わせにより、燃費の最適化と排ガスの改善を安定して進めようとする HV とは設計思想が異なる。こうした違いが、米国や日本での HV との販売実績の差となり、自ずと市場の棲み分けが進んだ。

　トヨタは、エンジン特性に依存せず、エネルギー効率を最優先する柔軟な仕組みとして THS（Toyota Hybrid System）を開発した。ディーゼル車は、車両価格の安さとダウンサイジングテクノロジーによる低燃費で対抗したが、エンジン特性に依存したがゆえに、次世代のエコカーに求められる最適性と柔軟性で HV が優利になったとも考えられる。2015 年 10 月、VW 社は今後のエコカー戦略をディーゼル偏重から電気自動車へと転換することを発表した。

　環境性能の差で市場を失う事態は過去にもあった。米国では、マスキー法を契機とした環境技術の開発に後れを取った GM 社などが失速している。自動車業界では、排ガス性能と燃費性能を継続的に改善し続けなければ市場をリードできなくなっている。

存在感が薄くなった天然ガス車

　ディーゼルエンジンで天然ガスを燃料とすれば、軽油を用いる場合に比べて高い環境性能を得ることができる。軽油を使う一般のディーゼルエンジンに比べて、NOx は 60〜70％、CO_2 は 20〜30％ 低減し、SOx、黒煙に至っては 100％ 取り除くことができる。

　2000 年代には、こうした性能を背景に、国内ではトラックを中心に天然ガス車が普及したが、2008 年以降減速し、現在では普及が止まっ

ている。原因は、車両の改造費が高いこと、ガスステーションの数が増えなかったことにある。

ただし、世界的に見ると、イラン、中国、パキスタンなどで導入が進み、現状では400万台程度が利用されている。また、米国ではシェールガスの開発で天然ガスの価格が下がり、燃料費がガソリンの半分程度になったことから、天然ガス車が再び注目されている。ただし、性能向上が続くHVなどに比べると、燃費、環境性能、共に見劣りするという点では一般のディーゼルエンジンと同じ状況にある。

ブラジル、米国などで普及するバイオ燃料車

日本では、2000年代前半にバイオディーゼル、バイオエタノールなどのバイオ燃料車がエコカーとして注目されたが、近年は大きく普及する兆しはない。原因は燃料供給システムにある。バイオディーゼルは精製した廃食油を使うが、バイオディーゼル車を普及するために安定した質の廃食油を入手するのは難しい。質の面でも、菜種油、コーン油、パーム油など油の種類により成分や融点が異なるなど、安定した品質を保つのが難しい。

バイオエタノールは、世界的に見ると、トウモロコシや大豆などから生成されることが多いが、日本では食用に供することができる作物をエネルギー利用するのは現実的ではない。草木などの非食用バイオマスからバイオエタノールを抽出する技術も開発されているが、コストの高さから普及に至っていない。また、こうした技術に関係業界が全体に消極的であったことも、コスト低下が進まなかった要因と言える。

一方、前述したとおり近年、第3の選択肢として藻類から軽油を生成する技術の開発が急速に進んでいる。藻類の体内に生成する油脂を精製する技術で、通常の1,000倍の増殖が可能な高速増殖型ボツリオコッカス（榎本藻）などが代表的だ。藻類による燃料の開発が進めば、バイオ燃料が安定して供給される可能性もある。

海外の一部の国ではバイオエタノール車が普及している。ブラジルや米国などバイオ燃料を供給するための広大な農地を持つ国だ。米国は世

界一のバイオ燃料生産国である。ブラジルはバイオ燃料の生産では第2位だが、米国は全て国内で消費しているので輸出国としてはブラジルが第1位となる。ブラジルでは、1930年代からバイオエタノールとガソリンを混合したフレックス燃料車が使用されており、現在でも自動車保有台数の2割を占める。

このように、天然ガス車、バイオ燃料車は世界的に見ると、今後も一部の国で普及していく技術ということができる。世界的な普及を目指すHVやPHVとは位置づけが異なる技術と考えるべきだろう。一方で、HVやPHVと組み合わされれば、新たな発展の機会が見いだされる可能性もある。

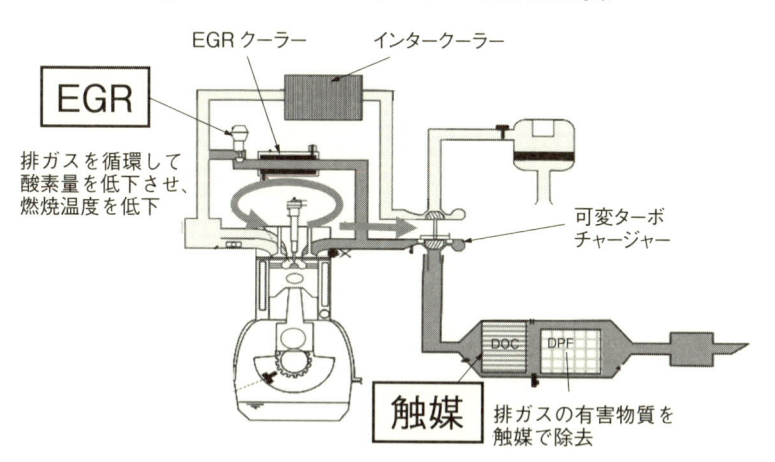

図表2-5　クリーンディーゼルの主なNOx対策

(出典：経済産業省「クリーンディーゼル乗用車の普及・将来見通しに関する検討会報告書」を参照して著者作成)

6 自由化で期待高まるスマート機器

> **ポイント**
> ・震災とクラウド化を契機に BEMS、HEMS が普及
> ・更新投資で確実に進むスマートメーター化
> ・スマート化で市場拡大に成功したスマートハウス
> ・付加価値付けできるプレーヤーに期待

● BEMS、HEMS の導入加速

　BEMS の普及が進んでいる。BEMS は、1970 年代にビルの空調設備などを管理する集中監視装置のエネルギーマネジメントのアプリケーションとして生まれた。1990 年代末には、コンピュータの小型化に合わせてアプリケーションが切り出され、簡易なエネルギー設備、計測装置などと組み合わされて、現在の BEMS の形が出来上がった。この段階では大型ビルに導入される例がほとんどで、BEMS が導入されたビルは全体の 5％ にも満たなかった。

　BEMS の導入に大きな変化が現れたのは 2011 年だ。東日本大震災以降の電力需給のひっ迫により需要側で電力消費を抑制しようという機運が高まったこと、2000 年代後半にクラウド型の情報サービスが普及して安価な IT サービスの裾野が広がったこと、などが背景にある。こうした流れを受け、2012 年には、BEMS の導入を促すための政策が強化され、複数の中小ビルを一括して管理する BEMS アグリケータというビジネスモデルが始まった。

　HEMS が普及し始めたのもこの頃だ。2010 年にはクラウド型 HEMS が 10 万円程度で販売できるようになった。HEMS は太陽光発電、蓄電池、スマートメーターなどを組み合わせたスマートハウスのプラットフォームとなっている。2011 年以降は、震災を契機にセキュリティや環境性に関する意識が一層高まり、HEMS を装備したスマートハウス

の普及が加速した。

期待が高まったスマート化ビジネス

　2000年代末には、クラウド化されたITとエネルギーが融合したスマート化の流れを背景に、スマートメーターの普及が期待された。東芝は、2011年、スマートメーター大手のスイスのランディス・ギアを買収してスマートメーター市場に打って出た。同年、関西電力を皮切りに、東京電力、東北電力などの電力会社が順次スマートメーターの導入を開始した。電力会社は、2016年の完全自由化に備えて導入を開始し、2020年ごろまでに80％程度に普及することを目指している。スマートメーターを用いたデマンドレスポンスなどのサービスを展開するためだ。

　デマンドレスポンスで需要を調整できれば発電事業の効率を高めることができる。関西電力では、2015年までに域内需要家向けの4割に当たる500万台が導入されている。急速に立ち上がる市場を狙って、東芝などは市場に参入したのだ。

　スマートメーターの情報は電力会社だけではなく、HEMSを介して需要家にも提供される。電力使用量が見える化され、家庭内の省エネ効果がリアルタイムで見えるようになり、省エネのモチベーションが上がる。エネルギーの見える化のシステムは、ビルなどの大型施設やサービス産業向けに提供されてきたが、コストが低下し、戸建て住宅やマンションにも普及するようになった。

収益化しにくい装置の単体市場

　スマート化によって市場の拡大が期待されたEMS機器だったが、それ自体の市場は大きく伸びていない。

　一つ理由は、価格の低下である。スマートメーターの価格は、当初3万円程度だったが、厳しい競争入札で価格が低下し、1万円を下回ることが予想されている。一方、導入規模は、2012年に導入を開始した関西電力は年間100万台、最大の東京電力が年間300万台、全体で年間

1,000万台程度に上ると推定される。つまり、全需要に導入される10年程度の間の市場規模は年千数百億円程度ということになる。しかも、現行の電力量計の代替需要でもあるから、新たな市場が生まれる訳ではない。代替期間の需要はあるが、普及後は電子式電力量計の時代に比べても市場規模の拡大は僅かだ。

 もう1つの理由は、政策への依存度が高いことである。BEMSがクラウド化され、中小ビル向けのBEMSアグリゲータというサービスが始まり、2012年には政府の支援で市場は拡大したが、2013年に補助金が打ち切られると伸び悩むことになった。

 一方で、HEMSはスマートハウスの付帯機能として導入が拡大している。住宅トップメーカーの積水ハウスは、2011年8月に太陽光発電の他、蓄電池、燃料電池をHEMSで組み合わせたスマートハウスの販売を開始した。2014年度には新築戸建住宅の80%をスマートハウスが占めるようになっている。スマートハウスは、一般の新築戸建住宅の坪単価が40～50万円代であるのに対し、60～70万円代と高額だが、付加価値が評価されて市場を拡大している。

 このように、コストの低下でスマート機器を単体で販売するビジネスの魅力が落ちる一方、住宅などと組み合わされる機会が増えている。

確実に広がるEMS需要

 電力事業法の改正によって、電力小売事業に様々な事業者が参入し、需要家の選択肢が拡大する。これまではスマートメーターを付けても、その付加価値を活用する事業者がいなかった。HEMS、BEMSにしても用途が限定的だった。今後は、ガス事業者、通信事業者、自動車メーカーなど様々な事業者が電力供給するようになる。ガス事業者であればエコジョーズ、エネファームなど高効率な機器などと、通信事業者であれば通信機器、インターネット家電などと、自動車メーカーであれば将来的にはEVと、といった組み合わせが期待できる。

 その分だけ、需要サイドでは様々な設備を需要家のニーズに効率よく合わせて運用するエネルギーマネジメントが必要になる。EMSを使う

6 自由化で期待高まるスマート機器

側から見れば、機能が向上する一方で、価格が下がり、使い勝手が格段に高まっている。そこに自由化が加わり、EMS 利用型のサービスへの注目が高まった。今後は、需要家視点のサービス志向が、スマート機器ビジネスが成長する鍵となる。

図表 2-6　スマートハウスと新規参入企業による付加価値サービスの創出

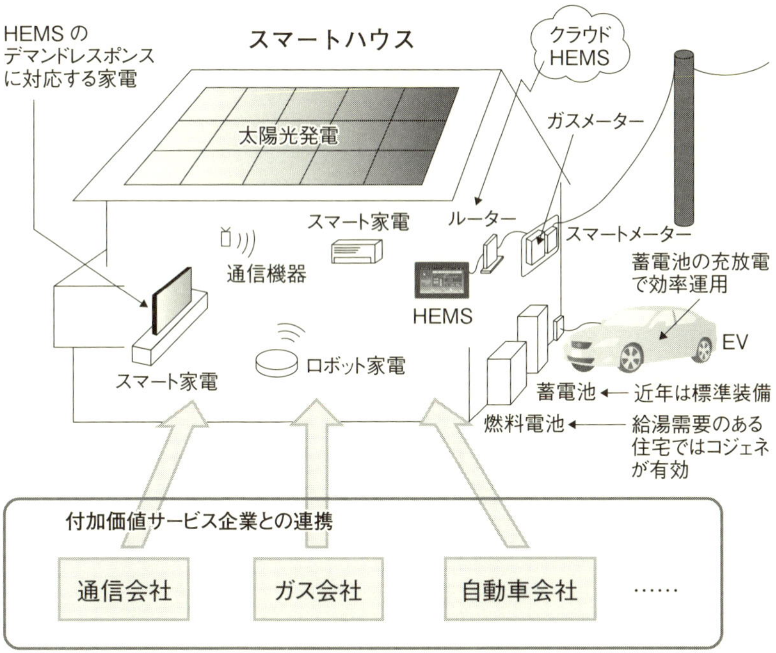

（出典：著者作成）

63

7 バンドリングで価値を追求する高圧一括受電

> **ポイント**
> ・電力自由化プロセスの中で生まれた高圧一括受電
> ・高圧電力と低圧電力の値差が収益の源泉
> ・電力小売全面自由化により収益性が低下
> ・バンドリングの価値追求で成長を

自由化プロセスの中で生まれたビジネスモデル

　高圧一括受電事業は主としてマンションを対象とした事業モデルだ。マンションの各世帯が個別に低圧電力で契約しているところを、マンション一括で高圧電力として契約することを仲介する。

　電力会社の料金体系は、高圧電力の価格は低圧電力に比べ、配電線のコストが含まれていない分安く設定されている。この値差を利用して低圧電力より安く高圧電力より高い価格で電力を提供し、受変電設備の交換や事務手続き、請求管理などを担って事業としての利益を出す。

　高圧一括受電事業は、当初、中央電力やエフビットコミュニケーションズなどベンチャー的位置づけの企業が手掛けていたが、普及するに従い、電力子会社などが顧客の囲い込みを狙って参入した。最近は、三菱地所など大手デベロッパーと一括受電事業者が提携し、建設当初から一括受電が導入されたマンションの例も増えている。2014年度の市場規模は約49万戸、500億円程度と見込まれている。マンションの総戸数は全国で約660万戸あるから、既築マンションを中心にマーケット拡大の余地は大きい。

　高圧一括受電は日本の自由化プロセスの申し子である。2000年から始まった電力の小売自由化は、特別高圧、高圧と対象範囲を広げたが、50kW以下の低圧は、電力業界の激しい反発で実現しなかった。その結果、高圧以上の電力が競争で価格が低減する一方、低圧電力は高止ま

りした。電力会社は、規制下にあった低圧電力で利益を確保し、高圧の競争相手に勝負をしかけたが、マンション高圧一括受電はその構造を逆手に取った事業モデルということができる。マンションは小口の需要が集中し、配電網は電力会社ではなくマンション側、すなわち住民側が保有している。にも関わらず、各世帯は高単価の電力契約をしている。それを前提に、高圧受電のための配電設備の設置・運営のコストを最小限に抑えられれば、高い需要密度で低圧向けの事業ができる。

収益の原資は高圧と低圧の値差だけではない。多数の需要を束ねることによる平均化の効果も狙える。一般に、各家庭の電力契約は、40 A（4 kW）から 50 A（kW）程度だが、例えば、100 世帯のマンションの場合、受電設備などの必要な容量は 100 × 4 kW ではない。各世帯が同時にドライヤーと電子レンジなどの電気機器を使うわけではないため、一軒当たりに求められる平均的な設備容量は 1.5 kW 程度になる。戸建て一軒一軒を相手にする電力サービスは、小規模な電力事業者にとって設備投資が重荷になるが、平均化効果を狙えるマンションは、受電設備などの容量が相対的に少なくて済むのだ。

全面自由化で岐路に立つビジネスモデル

2016 年 4 月からの電力小売全面自由化を控え、マンション高圧一括受電を取り巻く環境は大きく変化している。配電コストがある以上、低圧電力が高圧電力より高いのは合理的だが、自由化によって総括原価ベースの価格が崩れれば、高圧一括受電のサービスを支える収益の源泉は縮小する。既に自由化されている分野では、僅か 3 % 程度の新規参入で、2 割以上価格が下がったのだから、低圧分野も市場が求める価格に落ち着くと見るのが妥当だ。そうなれば、現在の高圧／低圧の価格差は保証されなくなり、現状のビジネスモデルを維持するのは容易でなくなる。

そうした状況を理解しているにも関わらず電力子会社が参入しているのは、顧客のバンドリングに魅力があるからだ。マンション高圧一括受電を行うには、住民組合の特別議決（4 分の 3 以上の組合員の賛同が求

められる）を得た後、全世帯から同意を得る必要がある。賛同を得るまでの障壁は非常に高いが、ひとたび契約を取れると覆すにも労力が要る。電気事業法には1需要1契約という縛りがある。マンション1棟を1契約として一括受電をした場合、各専有部分が個別に電力会社などと電気契約を締結できなくなる。契約は10年～15年など長期となることが多いので、事業者としては、その間まとまった顧客を確保できる。電力自由化の下でも競争相手を長期間排除できる高圧一括受電サービスは電力事業にとって魅力的なビジネスモデルなのだ。

ただし、高圧と低圧の値差は今後も一定程度残るとはいえ小さくなると見込まれる以上、従来ほど魅力的な価格の提示は難しくなる。住民側にとっては、自由化後の選択肢が狭まることになるので、バンドリングへの抵抗はこれまでに以上強くなるだろう。

求められるバンドリングの価値の向上

高圧一括受電の将来は、マンション住民に対してバンドリングの価値をいかに具現化できるかに掛かっている。

一つの方法として考えられるのは、電力にまとわる多様なサービスを取り込むことだ。例えば、賢い電力利用のためのアドバイスである。マンション高圧一括受電でなくても可能だが、同じような需要特性を持つ需要家をハンドリングしていれば、データを一括して比較・分析することで省エネや異常検知などの情報を提供することができる。

少し踏み込んだサービスとしては、電気自動車やプラグインハイブリッド自動車の充電設備の設置といった方法も考えられる。新規のマンションでは充電設備が設置済みのところもあるが、既存のマンションでは設備の後付けが難しく、電気自動車やプラグインハイブリッド自動車の購入をもあきらめるケースもある。高圧一括受電事業者はマンションの電力需要や設備状況を把握しているから、関連の事業者と協力して設備導入を検討することもできる。

バンドリングにより購買力を高められるという効能を、電力以外に広げることも考えられる。バンドリングの基盤を使って通信や生活サービ

スを一括調達したり、住民同士のコミュニケーションの場を提供することもできる。

電力から目を転じれば、世の中は、こうしたポータルサービスを求めている。一括受電事業は、マンションの生活の質の向上を総合的に請け負う事業への脱皮が問われている。

図表2-7　高圧一括受電からバンドリングサービスへ

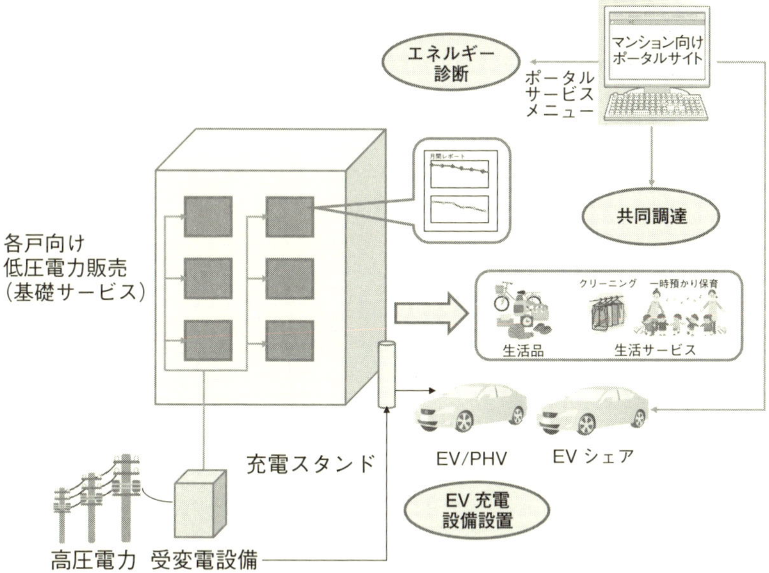

（出典：著者作成）

8 地道な取り組みが鍵となる国内風力発電

> **ポイント**
> ・世界では風力発電が再エネの本流
> ・日本特有の風土と規制が風力拡大の壁
> ・洋上風力の可能性は大きいが不確定要素も
> ・陸上の身近な「伸びしろ」にも注目

ますます開く世界との差

　日本では、固定価格買取制度の施行によりメガソーラーが急激な勢いで導入されたが、世界的には、風力発電が最も普及した再生可能エネルギーである。

　世界全体では、2013年時点で風力発電の累積設備容量 320 GW に対して、太陽光発電 120 GW、バイオマス発電 100 GW となっている。欧米では、1基7 MW クラスの超大型風力発電機も設置され、大規模風力発電ファームの建設が進んでいる。近年では、中国の導入量が最も多く、2014年の1年間の導入量は 23 GW とこの年の世界全体の導入量 51 GW の4割強を占めた。2015年には中国全体の発電量の約3％を占める見込みであり、中国政府は風力発電を今後も増やす意向とされる。累積導入量が世界第2位の米国でも国内の総発電量の2％以上を占めている。

　一方、日本国内では風力発電の導入が伸び悩んでいる。2012年の固定価格買取制度施行時に認定移行した設備は 253万 kW（2.5 GW）だったが、施行後3年経過した2015年7月現在でも導入規模は 288万 kW と、35万 kW しか増えていない。太陽光発電が 496万 kW から 2,154万 kW も増加したのと対照的である。

　原因として、陸上で風況のよい場所は山岳地帯であることが多く施工しづらい、猛禽類など希少動物への影響がある、環境アセスメントの負担が大きい、といった理由が挙げられる。環境アセスメントは、出力1

万 kW 以上の開発案件では必須、7,500 kW 以上の案件では個別判断となっているが、最近の大規模風力発電所は数万 kW 規模であるため、ほぼ全てがアセスの対象になると考えていい。環境アセスメントは、約3年の期間と1億円程度の費用が掛かるとされ、事業者にとって大きな負担となる。

　風力発電に対する住民からの騒音の苦情も多いと言われる。周波数100 Hz 以下の低周波が健康上の影響を引き起こすとの指摘も散見される。風力発電先進国ドイツでは、農地など、日本より住宅地の近くに設置されるケースは多いが、住民が組合を作って投資している事業が多いため反対も起こりにくいとされる。大都市にいる"遠くの事業者"が投資する風力発電事業に対して当地住民の心理的抵抗が大きい日本とは大きな違いである。

　農地法の制約も大きい。風力発電を普及するには農地を事業用地として活用することも期待されるが、日本では農業以外の目的への利用は厳しく規制されている。

　風車の生産では、ヴェスタス、シーメンス、GE、ゴールドウィンドなど海外メーカーが圧倒的なシェアを占めている。風況が不安定で雷が多い日本での事業に海外メーカーの風車が適さないことも多く、ひとたび故障が出ると部品供給などに時間を要し収入機会の損失が大きくなる、といった課題もある。

● 日本でも小さくない風力発電の潜在力

　しかし、日本の風力発電の導入ポテンシャルは小さくない。むしろ、量的には最も有望な再生可能エネルギーとの評価もある。環境省は、再生可能エネルギー導入ポテンシャル調査において、太陽光発電のポテンシャルを1.5億 kW としたのに対して、風力発電については陸上2.8億 kW、洋上1.4億 kW とした。これらは事業性も加味した規模であり、事業性を無視した賦存量になると、陸上13億 kW、洋上16億 kW にもなる。海に囲まれ、排他的経済水域の面積では世界で第6位にある日本の潜在力を示す数字だ。

洋上は陸上に比べ風況が安定している上、漁業権の問題はあるが、住民との摩擦は小さい。大規模展開するには、洋上こそ日本の風力発電の可能性を拓く鍵とする論調も多い。洋上風力の中でも、比較的建設の容易な沖合については、茨城県神栖市で30 MWの洋上風力プロジェクトが商用運転を開始している。

　ただし、日本の近海はすぐに深くなるという問題がある。洋上風力発電では海底まで杭を打つのが一般的だが、日本近海では杭が長くなり設置コストが大幅に上がるケースが多い。日本の洋上風力のポテンシャルを生かすには"浮体式洋上風力"の導入が不可欠と指摘される理由だ。日本の造船技術をもってすれば十分に実現可能と言われており、環境省は長崎県五島市で2 MW機を、経済産業省は福島沖で7 MW機を2基投入する実証実験を進めている。ただし、導入コストがどこまで下げられるか現段階では未知数である。

　陸上だけでなく洋上についても、風況のよい場所が北海道や九州などに偏っているという問題もある。特にポテンシャルが高いのが北海道だが、北海道の電力網の容量は限られているために、出力変動の大きい風力発電の大量導入は技術的に困難を伴う。需要の大きい本州に送ろうにも、北海道─本州の間をつなぐ北本連系線の容量が限られている。送電網の拡充は日本の風力発電拡大にとって不可欠だ。

● 追求すべき身近な伸びしろ

　数々の困難があるが、比較的容易な伸びしろもある。1つは、農地、特に耕作放棄地の活用である。2013年11月、「農林漁業の健全な発展と調和のとれた再生可能エネルギー電気の発電の促進に関する法律」が成立し、農林漁村での再エネについて、一定の条件下で導入を拡大する方針が示された。太陽光発電と異なり、風車の下でも農業を続けられることが評価されて、農地の一部を利用できるようになれば適地は大きく広がる。農地は山岳地に比べ建設も容易だ。ドイツのように地元農家主体のプロジェクトを組成すれば地元合意も容易になろう。

　「リパワリング」も注目される。風力発電が普及し始めた10数年以上

前に建設された風力発電は、場所が良いにも関わらず、数百 kW から1 MW 程度の小規模な風車を使っていた。これを、近年主流の大型発電機に換えれば、それだけで2倍、3倍に発電規模を拡大できる。既に、風力発電を実施している場所は、環境上の課題や地元住民との合意形成の問題もクリアしやすい。

　港湾地域での風力発電も考えられる。港湾地域は比較的住宅地から離れており、洋上ほどの設置上の困難も少なく風況も比較的よい。非常時の港湾向け電力供給機能を持たせれば、港湾関係者にとっても歓迎されるだろう。

　洋上というフロンティアの開発が求められる一方で、地道な努力で地上の伸び代を広げていくことも風力発電拡大の鍵だ。

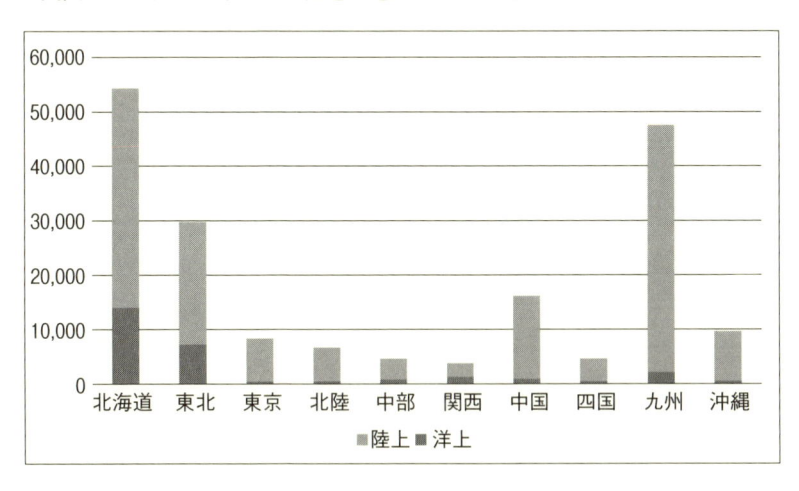

図表2-8　陸上・洋上風力発電の電力エリア別導入ポテンシャル（万 kW）

(出典：環境省「平成22年再生可能エネルギー導入ポテンシャル調査報告書」より著者編集)

9 新たな展開が期待される電力需給調整事業

> **ポイント**
> ・電力自由化でPPSと需要サイドビジネスが拡大
> ・需給調整では小売事業者を束ねる仕組みを構築
> ・圧倒的な調整力で存在感を増す電力会社
> ・需要家や電力事業者の組合せで高まるアグリゲーションへの期待

小売事業の拡大で高まる需給調整機能

　2016年4月、電力小売全面自由化が始まる。既に自由化されている市場も含め、ガス会社、通信会社など多くの企業が電力小売市場に参入している。こうした中、多くの電力事業者が注目しているのが、新電力事業者や小売事業者向けの電力需給調整事業である。

　需給調整事業とは、電力の需要を予測し、需要予測に基づいて適切な電力を複数の事業者から調達して需要家に提供する事業である。広域で需給を調整するエネルギーマネジメント技術が求められる。

　需要家に時間帯ごとの電力料金プランを提示するなどして、電力需要の上限値をマネジメントするデマンドレスポンスへの期待も高まっている。HEMSやBEMSが普及し、需要サイドの制御機能が高まったことで、効果的な需給調整が期待できるようになった。

　自由化市場で新規参入者が電力会社に対抗するためには、効率的な需給調整機能が欠かせない。高効率の大規模発電施設と燃料の大量調達などで低コスト化を図る電力会社と競うには、発電施設の稼働率の向上や有利な価格での電力販売が不可欠だからだ。30分同時同量の維持に苦しむようでは電力会社と戦えない。

　しかし、個々の新規参入者が需給調整を行っていては、調整コストが高くなってしまう。そこで、多くの事業者に調整機能を提供する専門事業者が期待される。

● 初の需給調整モデルで求心力を高めたエナリス

　需給調整事業者の元祖と言えるのがエナリスである。エナリスは、2004年に設立された、BEMSを使ったエネルギーマネジメント事業、需要家の電力購入支援などのエネルギーサービス事業を行う会社である。2014年には、PPS向けの需給管理システムのアプリケーションサービスを開始した。同社のエネルギーマネジメントサービスは、顧客の需要を把握、予測した上で、ベース、ミドル、ピークなど時間帯ごとの需要の特徴に合わせて、適切な電力事業者をマッチングすることで電力調達をサポートする。電力事業者には、変動の大きい太陽光や風力発電を手掛ける事業者、バイオマス発電事業者などの再生可能エネルギーや、安価な火力発電を有する事業者なども含まれるので、供給側のリソースを上手くマネジメントすれば、様々な需要家のニーズに応えるサービスを提供することができる。需要家に対しては、電力を見える化して省エネを進め、運用改善を支援するエネルギーマネジメントサービスも提供している。

　小売事業者が電力供給を行うためには、需要予測が外れた時にも、効率的に同時同量が保てるように小売事業者同士で助け合う必要がある。バランシンググループという仕組みだ。エナリスは顧客同士を結び付けてバランシンググループを組成することで効率的に電力需給を調整する。2014年から、一部の事業者向けに、30分同時同量のリスクを保証ないしは一部負担するサービスも提供している。

● 再び高まる電力会社のサービス

　エナリスは2013年10月にマザーズに上場し、電力市場への参入を目指す多くの事業者から支持を得た。ところが、2014年11月には会計処理の問題が発覚し、連結最終損益を赤字に修正する事態となった。第三者調査委員会による調査が行われ、過年度の有価証券報告書も修正されることとなった。現在、新体制の下で改革を進めているが、一連の事件によって、急速に高まった求心力が低下してしまったことは否めない。

その結果、同時同量のバックアップを電力会社に頼る事業者が増えることになった。

元来、多くの需要家と供給力を擁する電力会社は幅の広い需給調整能力を有している。風力発電、太陽光発電は天候や気象条件などによる変動が大きい。変動を厳密に予測するのは難しいため、再エネの大量導入に向けて、電力系統では蓄電池の整備、制御システムの強化、発電事業者への指示系統の整備、などの変動対策が進められている。こうした対策の一環として、九州電力は2015年に世界最大級となる出力5万kWの蓄電池システムを整備した。電力会社の需給調整機能は確実に向上している。

一方、需要側でもBEMSやHEMSの普及で電力需要の調整力が拡大し、2014年の段階で100万kW分の需要サイドの電力調整が可能になったとされる。

こうした需給両面での調整力の確保によって、系統の安定性は以前に比べ格段に向上している。しかし、今後、大量の再生可能エネルギーを受け入れなくてはならないので、系統利用の条件が緩和されるとは考えにくい。新規参入者が同時同量などのバックアップサービスを必要とする状況は変わらない。

エナリスの会計問題を契機に新規参入者が電力会社に頼る流れができ、電力会社は需給調整サービスを収益源の1つにすることになる。新規参入者が電力会社に対抗できるサービスを立ち上げるためには、革新的なITの開発などが必要になる。

アグリゲーション事業への期待

電力会社の需給調整機能の存在感が高まる中、新規参入者にとって、需要家に密着して需給調整機能を含めた便利なサービスを提供することが重要な戦略になる。安価なアグリゲーションを駆使することで、需要を調整して電力支出を下げるだけでなく、デマンドレスポンスへ参加して収入を確保する、小型の自家電源と組み合わせたセキュリティの高いエネルギーサービスを提供する、需要家個別の事情に応じた省エネ提案

を行う、などである。そのためには、電力会社にはない、気の利いたサービスとフットワークの良さが不可欠だ。その上で、特性の異なる需要家や電力事業者が参加する仕組みを作ることができれば、新たな電力需給調整サービスやアグリゲーション事業の可能性も見えてくる。

図表2-9　エナリス社のエネルギーマネジメントサービス

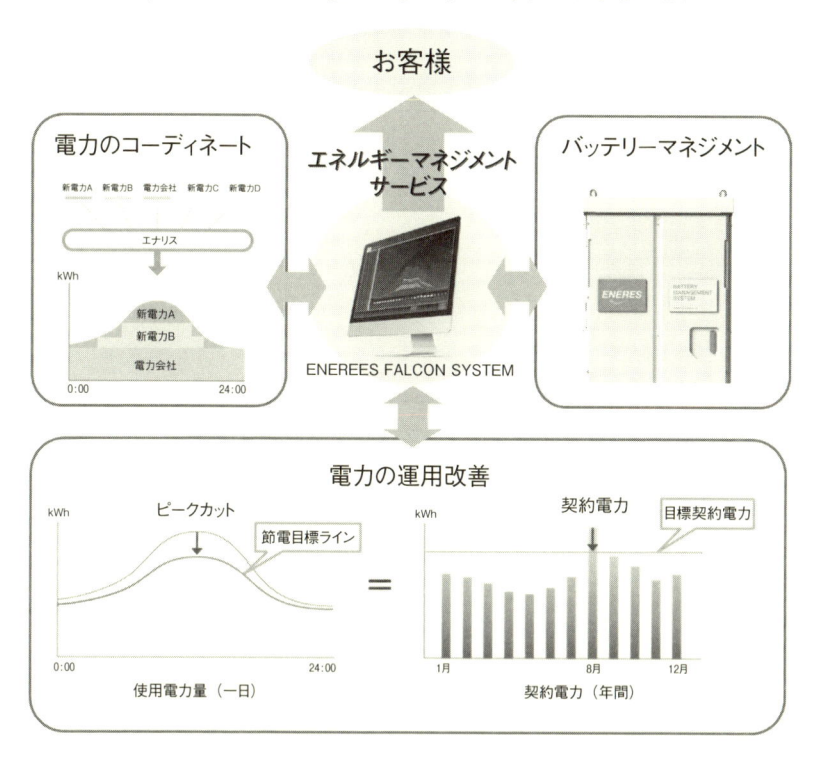

（出典：エナリス社HPを参照に作成）

10 継続する海外大規模スマートシティ市場

> **ポイント**
> - 新興国では都市化の受け皿とエネルギー効率向上のためのスマートシティの大きな需要がある
> - 先行的な大規模スマートシティの計画はとん挫
> - しかし、スマートシティの流れは止まらない

拡大する新興国の都市需要

　新興国や途上国では都市化が進んでいる。日本をはじめとする先進国では人口の7割程度が都市部に住んでいるのに対して、新興国、途上国では都市部に住んでいる人口が5割程度であることが多い。都市化は経済成長の欠かせない一側面なのだ。経済成長に伴い、第1次産業の就業人口はまず第2次産業に移った後、第2次産業の就業者に占めるホワイトカラーの増加やサービス産業への需要の拡大などで、第3次産業ないしはそれと同様の形態の就業者が増えるからだ。

　しかし、都市人口の増加はエネルギー消費量の増加をもたらす（運輸部門のエネルギー消費を除く）。新興国、途上国が経済成長を遂げるためには、都市部でのエネルギー需要の上昇という課題をクリアし、資金の海外流出や環境負荷の拡大を避けなくてはならない。

　一方で、エネルギー効率の向上や二酸化炭素排出量の削減は低炭素型の産業の成長をもたらした、という産業の歴史がある。新興国、途上国が目指しているは、こうしたトレンドを取り込み、都市化、環境負荷の削減、産業育成などを両立することだ。スマートシティはそのための具体的な事業と言える。

　世界中には400程度のスマートシティのプロジェクトがあり、累積の市場規模は1,000兆円単位に達するとされる。その半分近くが圧倒的な都市化人口を抱える中国に集中している。

スマートシティへの注目

　世界中の企業がスマートシティに注目するのは1,000兆円単位に上るとされる市場規模だけではない。インフラから施設、設備までがネットワークで結ばれた壮大なIoT（Internet of Things）のモデルであるからだ。ここで実績を積めば、次世代をリードする市場で優位に立つことができる。2000年代には、世界のスマートシティの半分近くを抱え、突出した経済成長率を呈していた中国に世界中の企業が日参することになった。

　中国各地で計画されているスマートシティの規模は壮大だ。開発面積が数十km^2に達する事業も珍しくない。何しろ、中国では毎年1,000万人程度の人口が都市に移動している。中国政府は数多くのスマートシティを効率的かつ効果的に建設するために、モデルとなる事業を立ち上げた。それがシンガポールと協働で開発された中新天津生態城だ。計画段階では、開発面積が30 km^2、計画人口35万人、想定投資規模3兆円に達するという巨大プロジェクトだ。中新天津生態城では、世界最高レベルの再生可能エネルギー導入比率、省エネビル比率、グリーン交通比率、リサイクル率など20を超える項目についてKPI（Key Performance Indicator）が掲げられた。

　中東では、アラブ首長国連邦でオイルマネーを背景に巨額の資金を投じたマスダールシティが注目された。こちらも開発面積6 km^2以上、計画人口5万人に達する巨大プロジェクトだ。建設段階から太陽光が利用され、運営段階では太陽光発電の利用などにより二酸化炭素排出ゼロを目指す。域内を走る自動車は全て電気自動車で、無人の電動高速交通が走る。建物の設計も未来的だ。

計画見直しの大規模プロジェクト

　しかし、こうした大規模なスマートシティの中で、所期の計画どおりに建設が進んでいるものはほとんどない。マスダールシティは一部が稼働しているものの、開発スケジュールが数年以上後送りされ、予算も削

減された。資源価格の下落が続けば、更なる見直しも避けられまい。天津生態城も4フェーズの開発区の中で整備が完了したのは第一開発区だけで、再生可能エネギーをふんだんに取り込んだインフラの整備も計画どおりには進んでいない。

大規模なスマートシティの計画が見直しになる理由はいくつかある。

1つ目は、建設期間が長く、経済、政治、技術動向面での様々な影響を受けることだ。政策の意向によって投資が縮小することもあるし、当初計画したシステムが陳腐化することもある。

2つ目は、多額の資金が掛かることだ。開発事業は不動産収入を原資にする。スマートシティ用のインフラを作るための追加的な資金の調達は不動産市況が悪くなれば、すぐに圧力を受ける。

3つ目は、スマートシティのための投資の恩恵を誰が受け、その対価をどのように払うかを明確にしにくいことだ。国を代表する事業であるなら、先行的な試みのための資金を政府が負担し、それを他の事業で回収する仕組みが必要だし、不動産の購入者が恩恵を受けるなら、不動産価格や管理費にコストが反映されないといけない。

止まらないスマートシティの流れ

このように大規模なスマートシティプロジェクトは課題を抱えるが、これをもってスマートシティプロジェクトが失敗した訳ではない。まず、上述した課題はスマートシティに限らず、大規模な都市開発に付きものの課題だからだ。日本でも、バブル時代に幕張や横浜で先進的な都市開発が行われたが、バブル崩壊で計画は見直しを余儀なくされた。しかし、最近になって、当初の計画にはなかった商業施設や居住施設ができ、街は新たな価値を生み出している。大規模な都市開発の成否は数年では決められないのだ。

天津生態城の第一開発区では、コミュニティセンターや商業施設を中心とした賑わいが見られる。再生可能エネルギーなどのインフラだけでなく、生活しやすい街づくりを目指してKPIを定め開発を行った結果だ。マスダールシティでも最先端の交通機関や未来的な機能を持ったビ

ルが稼働している。

　もう1つ言えるのは、世界中の都市は遅かれ早かれスマート化するということだ。何年かすれば、エネルギー効率が高く、環境負荷が低く、高度な情報基盤で制御された都市が世界各地に出現するだろう。既に、中国では建物の省エネ化やIndustry 4.0を意識した工場の建設などが進んでいる。天津生態城やマスダールシティが計画された頃と比べると、インフラの制御システム、再生可能エネルギー、次世代交通、などの性能と経済性は格段に上がっている。今や質の高い不動産開発をするに当たって、こうした技術を無視することは考えられない。

　スマートシティが最も高度なIoT実現の場の1つであることは変わらない。注目すべきなのは、どのような規模と枠組みで進化したスマートシティプロジェクトが立ち上がるかだ。その時、天津生態城やマスダールシティでの経験が価値を発揮することになる。

図表2-10(1)　天津生態城

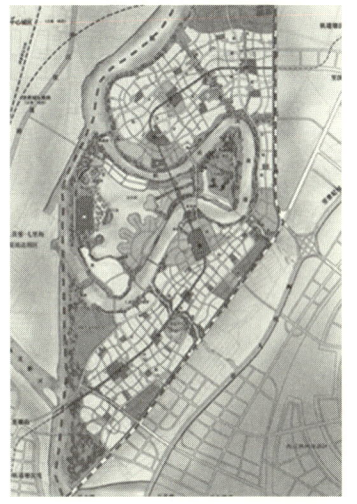

（出典：天津市資料）

図表2-10(2)　マスダールシティ

（出典：マスダールシティHP）

11 IoTで再生する省エネサービス

> **ポイント**
> ・顧客側のリスクを払拭した画期的な ESCO モデルの登場
> ・期待感の割に伸びなかった日本の ESCO 市場
> ・IT の進化による需給制御技術が進化
> ・IoT ビジネスとして期待高まる付加価値型 ESCO

● 画期的なビジネスモデルだった ESCO

　1992 年に先進国の間で気候変動枠組条約が締結されて以来、日本では省エネが二酸化炭素削減対策の中心に位置づけられてきた。しかし、省エネを行うためには、エネルギー効率の高い技術を選択するためのノウハウや省エネ技術を導入するための投資リスクを負担することが必要になる。一方で、省エネ効果は必ずしも約束されないため、数年程度の回収期間を要する投資に足踏みをする事業者も多かった。

　そこに風穴を開けたのが ESCO（Energy Service COmpany の略）である。ESCO は、省エネの専門的なノウハウを有する ESCO 事業者が省エネに関する投資のリスクを負い、省エネによるコスト削減効果を折半する、という顧客側にとって投資リスクのほとんどないビジネスモデルだ。顧客から見れば、投資した直後から確実に効果が得られることも ESCO の魅力だ。インバータの導入など比較的投資額の小さい省エネを行う場合は投資回収率も高く、ESCO は省エネが「金を生む」ビジネスになる可能性を示唆した。

　ESCO は低炭素型のエネルギービジネスへの起点にもなる。例えば、1997 年に設立された日本で最初の ESCO 事業者であるファーストエスコは、ESCO により省エネのノウハウを蓄積し、バイオマス発電や太陽光発電事業に進出している。同社以外にも、1990 年代後半から 2000 年代に掛けて、多くの ESCO 事業者が設立された。

ESCO の普及を阻んだデフレメカニズム

　画期的なビジネスモデルを提示したにも関わらずESCOの市場は拡大していない。現在では、日本国内のESCO市場の規模は200～300億円レベルにとどまっている。30兆円と言われる日本の電力市場の規模と比較すると、1%に満たない規模である。

　近年ではESCO事業者の統合化も進みつつあり、事業者数は減少傾向にある。ESCOが導入された当初の期待に応えて成長しているとは言い難い状況にある。

　ESCO市場が数百億円レベルにとどまっている最大の原因は、日本国内を取り巻くデフレ指向であったと考えられる。エネルギーの供給の価値は、量とコストだけでなく、安定性や品質も重要だ。特に、東日本大震災以降の日本では、エネルギー供給の安定性が重要な価値であることが認識された。そうした価値を訴求できなかったことがESCO市場の成長を阻んだ。

　ESCOが日本に初めて導入された1997年、日本経済は大手金融機関の破綻などで未曾有の危機にあった。企業は縮み指向となってコスト削減にばかり目が行くようになり、ESCOが「エネルギー設備を安く更新するための手段」と捉えられてしまったのだ。安定性や供給リスクの回避、などといった付加価値の経済的な評価への対価を求めにくいビジネスが普及してしまったのだ。事業者の側も「コストを削減しないと売れない」という意識に囚われて、付加価値への対価を追求する姿勢に欠けた。

予想を超えた IT の進化

　ESCO市場の停滞を打破する可能性を秘めるのが進化を続けるITである。電力システムではリアルタイムでの需給制御が欠かせないが、ITの進化はここ10年程度で電力の需給制御のあり方を一変させた。これまでは需要に追随させる形で供給側の出力を制御する方法しかなかったが、ITの進化により需要側の制御が容易になったことで電力の需給

調整の方法が多様化した。

例えば、ITを利用して需要側に配置された分散型電源の出力調整や電力消費機器の制御ができるシステムを組み込むことで、需給双方向のシステム運用を低コストで実現できる。

付加価値型ESCOへの期待

これまでのESCOではエネルギーコストの削減分しか収入の原資がなかったが、ITを活用することでコスト削減以外の価値を訴求できる可能性が出てきた。見える化の精度や認識度を高め、セキュリティや機器のモニタリングなどの付加価値もアピールできる。また、省エネ効果をより精密に算定すれば、元来のESCOの原資を増やすこともできる。付加的なサービスへの対価を獲得できると仮定した場合のECSO事業者の収入増加のイメージを図表2-11に示す。

需要側での制御だけでなく、エネルギーシステムの価値を顧客にアピールすることも重要だ。1つの方法が、蓄電池と発電設備を同時に用いることだ。電力価格の高い需要ピークの時間帯には売電し、最も電力価格の安い時間帯に電力を買いだめするという運用により、売電収入を増やしてエネルギー設備の付加価値を高めることができる。また、蓄電池や発電機は災害時の電力供給を維持できるから、安定性の価値をアピールすることもできる。

例えば、ONEエネルギー社は、蓄電池のレンタルサービスと太陽光発電システムの設置とをセットで提供している。蓄電池は夜間の安価な電力を昼間にシフトさせることで電気代を低減しつつ、太陽光発電の発電量を平準化する役割も果たす。高価な蓄電池をレンタルとすることで、早期から顧客にコストメリットを提供できるのもポイントだ。同社の技術を支えているのが、まさにITを活用した需給制御の技術である。こうした価値を顧客に認めてもらえば、コスト削減の中だけでビジネスをする必要はなくなる。

停滞していたESCO市場を活性化する鍵は、これまで培ってきた省エネの知見をエネルギー分野のIoTビジネスとして進化させることにある。

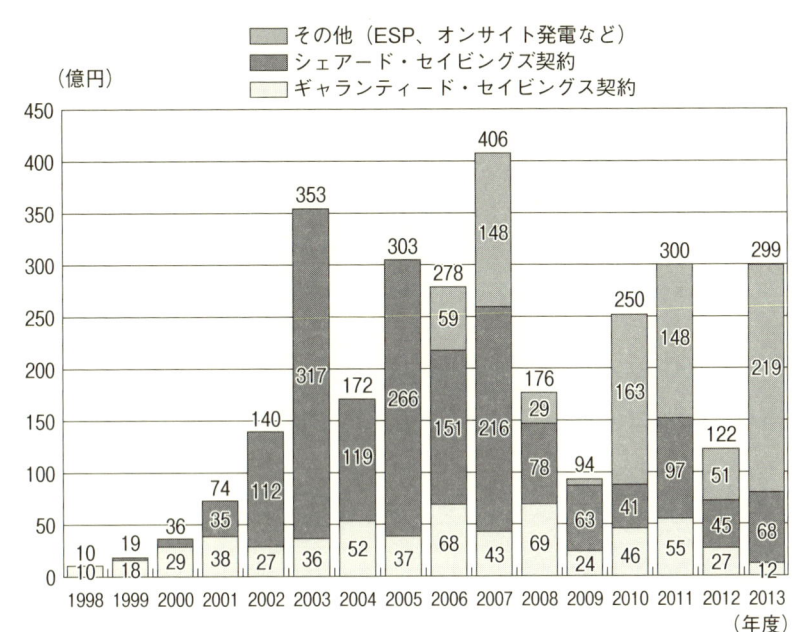

11 IoTで再生する省エネサービス

図表 2-11-(1) ESCO事業の市場規模の推移

凡例：
- その他（ESP、オンサイト発電など）
- シェアード・セイビングズ契約
- ギャランティード・セイビングス契約

（億円）

年度	合計	その他	シェアード	ギャランティード
1998	10			10
1999	19			18
2000	36		35	29
2001	74		35	38
2002	140		112	27
2003	353		317	36
2004	172		119	52
2005	303		266	37
2006	278	59	151	68
2007	406	148	216	43
2008	176	29	78	69
2009	94		63	24
2010	250	41	163	46
2011	300	148	97	55
2012	122	51	45	27
2013	299	219	68	12

（出典：一般財団法人 ESCO 推進協議会 HP）
http://www.jaesco.or.jp/news/docs/2013_esco_market_survery_results.pdf

図表 2-11-(2) 付加価値型 ESCO による収入増加のイメージ

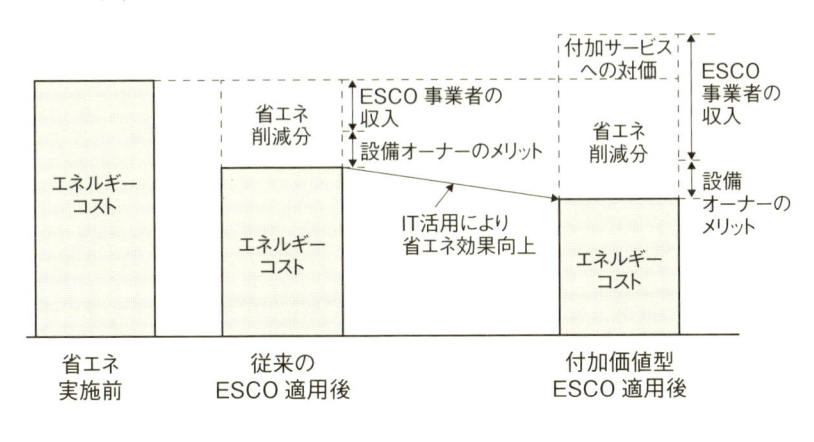

省エネ実施前：エネルギーコスト

従来の ESCO 適用後：省エネ削減分（ESCO事業者の収入／設備オーナーのメリット）、エネルギーコスト

付加価値型 ESCO 適用後：付加サービスへの対価、省エネ削減分（ESCO事業者の収入／設備オーナーのメリット）、エネルギーコスト

IT活用により省エネ効果向上

83

12 リプレースが鍵を握る原子力発電

> **ポイント**
> ・2030年のエネルギーミックスに向け原子力発電のシェアは回復へ
> ・新興国などで海外の原子力発電の需要は旺盛だが競争は厳しい
> ・原子力発電関連産業の将来はリプレースに依存

● 発電シェアを確保する原子力発電

　2030年に向けたエネルギーミックスで、原子力発電は22〜23％を占めるとされた。存続の是非に関わる国内のコンセンサスが取れた訳ではないが、原子力発電は今後も日本のエネルギーシステムの中で重要な電源として位置づけられる。

　東日本大震災に伴う東京電力福島第一原子力発電所の事故により日本の全ての原子力発電所が停止した。国は国家行政組織法第三条に基づく原子力規制委員会を立ち上げ、同委員会により世界的に最も厳しいとされる新たな技術基準が作られた。電力会社は同基準への対応に手間取ったが、2015年7月、ついに九州電力川内原子力発電所が再稼働を果たした。川内原子力発電所に次いで再稼働を果たすはずだった関西電力高浜原子力発電所の3号機、4号機は鳥取地裁によって停止命令が下されたが、2015年12月に関西電力による不服申請が受理され、2016年3月に再稼働を果たした（2016年3月、大津地裁により運転差し止めの仮処分）。この後、四国電力の伊予原子力発電所、九州電力の玄海原子力発電所などが稼働に向け取り組むことになる。

　これでPWRを中心とした西日本の原子力発電は復帰に向けた道筋ができた。福島第一原子力発電所に近く、BWRが中心の東日本の原子力発電所の復帰が軌道に乗るには、今しばらく時間が掛かろう。しかし、新しい基準に沿った審査は進んでいるとされており、遠くない将来、ど

こかの原子力発電がトリガーとなって再稼働の道筋が見えて来る可能性はある。

こうした経緯を見ると、認可までに時間は掛かったが、原子力規制委員会の作った新たな技術基準は、厳しくはあっても、あくまで原子力発電所を復帰させるためのものであったことが明らかになりつつある。2020年までには、活断層により再稼働の認可が難しい発電所、完成から40年を経過し、稼働期間を延長しても改修コストの回収が見込めない老朽化かつ中型の原子力発電所を除く、多くの原子力発電所が再稼働を果たすだろう。そうなれば、2030年に向けたエネルギーミックスに示された原子力発電のシェア確保が見えてくる。

● 先が見えないポスト2030年

しかし、だからといって原子力発電が完全に復活する訳ではない。老朽化原発の稼働期間の延長問題に加え、新規施設への更新（リプレース）の扱いが定まっていないからだ。電力会社は、稼働期間が40年を超えた大型の老朽化原発については、多額の改修コストが掛かっても20年間延長のための投資を行う姿勢を示している。関西電力高浜原子力発電所1号機、2号機が原子力規制委員会の審査を通過したが、技術、コンセンサス面でのハードルは高いことに変わりはない。延長が順調に進まない場合、2030年代に原子力発電はエネルギーミックスのシェアを割り込むことになる。

リプレースについては議論が俎上にすら乗っていない。原子力発電支持派でも、組織としてリプレースの必要性を明言しているところは見られない。延長が認められても、リプレースが認められなければ、2050年代に原子力発電エネルギーミックスのシェアを維持できなくなる。東日本大震災後、原子力発電が停止し電気代が高騰した。老朽化原発の延長が広がらずリプレースが認められなければ、10年ないし30年後に同じことが起こる。日本の原子力発電は持続可能なエネルギーとは言えない状況にある。

再生可能エネルギーでの穴埋めをという指摘もあるが、原子力発電の

穴を埋められると考えるエネルギーの専門家は少ない。仮に、埋められたとしても、再生可能エネルギーが増える分だけ、電気代は東日本大震災後以上に高騰するだろう。

厳しい状況の原子力発電産業

　原子力発電の稼働の低迷で原子力発電関連の産業は厳しい状況に置かれている。三菱重工、日立製作所、東芝といった主要各社は事業としての成長を海外に求めざるを得ない状況にある。日本をはじめとする先進国では原子力発電に対する風当たりが強いものの、今後原子力発電の容量の減少が見込まれているのは欧州と日本くらいだ。新興国では大規模な原子力発電所の建設が計画されている。特に、中国では2040年までの1億5,000万kW近く、インドでは5,000万kW近くの原子力発電所の建設が予想されている。石炭火力発電と同様、原子力発電事業の可能性は国内での扱いだけで評価することはできないのだ。

　したがって、原子力発電事業の生き残りの鍵は海外にあることになる。日立製作所がイギリスで総投資額が3兆円にも上る原子力発電所の事業を手掛けるように、先進国にも魅力的な市場はある。しかし、上述したように今後の原子力発電の中心的な需要は新興国にある。そこで事業を成長させるには2つの課題がある。

　1つは、新興国での需要が実現されるまでの期間の収益をどのように確保するかだ。東日本大震災後の原子力発電への逆風で、日本以外の先進国の原子力発電産業も苦しい状況にある。東芝の不正会計処理に関わる問題では、子会社のウェスチングハウスの経営不振で1,000億円を超える減損が必要であることが分かった。欧州でも、フランスのアレバが経営状況の悪化から、三菱重工などに出資を求めている。

リプレースが事業安定の鍵

　もう1つは、先進国以外の原子力産業との競争だ。新興国の巨大な需要については、中国、韓国、ロシアなどの原子力関連企業も積極的な営業活動を展開している。民間企業と国が一体となった積極的な売り込み

で新興国の需要を奪った例もある。時には先進国には取ることが難しいリスクを受け入れてまで受注に走る。こうした国々と競争するのは容易ではない。実績を積み重ね、原発輸出の条件を整え、コスト競争力を生かして先進国の案件まで獲得していくだろう。

先進国での原子力発電の需要が右肩上がりになることは考えにくい。経済成長が顕著な新興国、途上国には電子力発電の魅力的な需要があるが、上述したように、それを成長基盤にできるかどうか予断を許さない状況にある。

グローバルなインフラビジネスでは国内に収益基盤を置いて、海外の厳しい競争に臨むのが一般的なモデルだ。国内市場がしっかりしていることが事業の安定性に大きな影響を与えるのだ。結局のところ、日本の原子力発電関連産業の将来性は、国内の原子力発電所のリプレースが軌道に乗るかどうかにかかっていることになる。

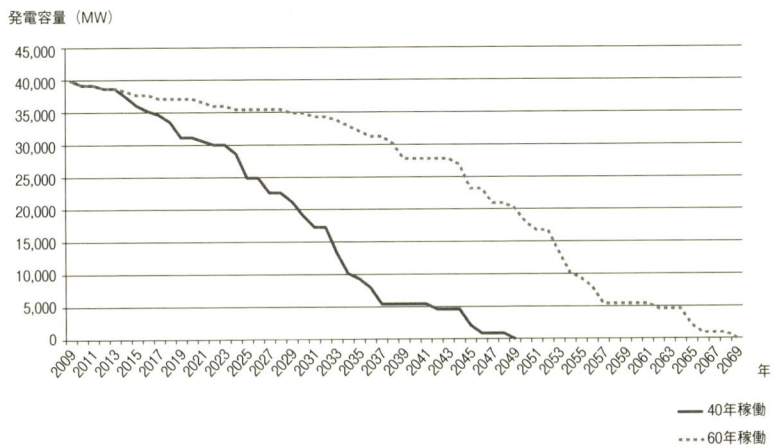

図表2-12　原子力発電容量の推移

(出所:(一社)火力原子力発電技術協会『火力・原子力発電所設備要覧（平成20年改訂版）』より作成)

注)2015年1月現在運転中のものを対象（福島第二を除く)。
2015年時点で40年経過したが廃炉になっていないものも廃炉と仮定。
60MW以下は40年で廃炉になると仮定。

コラム 迷走止まない低炭素ビジネス

　低炭素ビジネスの可能性が提唱されたのは1990年代の前半だったと思います。そこから四半世紀弱を振り返ると、実に多くの低炭素型ビジネスが生まれては消えてきました。将来のビジネスモデルの予想が覆ったものもあります。例えば、ハードウェアの省エネルギーよりESCOのようなサービスビジネスの方が成長の可能性があると指摘した時代があります。あるいは、クリーンディーゼルがハイブリッド車より競争力があるとしたこともあります。しかし、実際には、ESCO市場が伸び悩む中、スマートハウスのようなハードウェアを中心としたシステムが成長しました。また、クリーンディーゼルはハイブリッド車の飛躍的な燃費の改善に追随することはできませんでした。

　こうした見込み違いの理由は、低炭素ビジネスの底流と技術革新を見誤ったことにあると思います。低炭素ビジネスの底流とは、低炭素を本質的に実現するのは技術であるということです。もちろん、サービスやビジネスモデルも重要ですが、革新的な技術があってこそ価値を発揮するのだと思います。技術革新の最も大きな見込み違いはITの飛躍的な進歩です。ITというと通信関係のビジネスが注目されますが、産業的に見た場合、より重要なのは高機能・低コスト化した制御機能が加工、部品、システムの隅々まで浸透したことです。例えば、スマートハウスは制御機器・システムの性能当たり単価が大幅に改善したことで普及しました。ハイブリッド車の躍進も制御システムの進化抜きに語ることはできません。

　本書で述べたように、政策動向はエネルギー市場の将来を洞察する上で欠かせません。しかし、長い目で見ると、技術の進化と普及のアップダウンを平準化するための方策でもあるのです。これは、エネルギー分野のビジネスで長期的な成功を収めるためには、技術や資源など、エネルギー需給の基盤を支える要因の行方を冷静に捉えるのが第一であることを示しています。

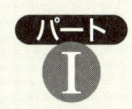

パート I
成功するビジネスと厳しいビジネス

第 3 章

今後の取り組みで評価が分かれるビジネス

1 日本型の付加価値を追求する電力ITサービス

> **ポイント**
> ・電力サービスのポータルとなるサービスが出現
> ・海外では電力のウェブ販売とポイント付加が日常風景
> ・需要家施設の高度化、IT化が日本市場の特徴
> ・収益化にはITと他事業との組み合わせが必須

● 電力小売りポータル

　ウェブ上で商品の価格比較を行うカカクコムが電力価格の料金比較サイトをオープンさせた。「電気料金プラン診断」によって、現状の料金プランや契約アンペア数、使用量、世帯人数、昼間の在宅状況から生活スタイルを分析し、最適な料金プランを提示する。今後は「電気代のかかる家電ランキング」というコーナーを設けて他の製品コーナーへの誘導も図る意向だ。「価格.com」、「食べログ.com」で培ったサービスの評価手法など、他分野で培われた知見を持ち込む。

　ベンチャー企業の運営する料金比較サイトのエネチェンジはCO_2排出量、サポート体制、地域密着度などで電力会社やPPSを比較し、省エネ情報も提供するなど、電力に特化したポータルサイトを目指す。エネルギーに関する十分な情報を持たない消費者に専門的な知見を提供することで数多ある価格比較サイトの電力関連サービスと差別化する。美容室や飲食店など、今回の自由化対象となる小規模商店向けの節電情報もカカクコムにはないサービスだ。

　電力を扱うポータルサイトは今後も続々と開設されると予想される。セット販売など各社が複数メニューを提供する中で、価格比較だけでない工夫が消費者から選ばれる鍵となる。

海外での IT ビジネス

　電力価格比較サイトは電力自由化の進む欧州や米国では広く普及しており、ドイツには100を超える電力価格比較サイトがあると言われる。消費者が選択した電力会社から紹介料をもらうのが比較サイトのビジネスモデルだが、特定の事業者へ意図的に誘導してインセンティブを得る例も見られる。しかし、ポータルサイトとしてのポジションを確保するには電力会社、PPSから中立に客観的な評価を行う必要がある。価格比較は顧客側に立った客観性が生命線だ。

　海外では電力のネット販売やポイント還元が当たり前になっている。需要家は電力の受電設備を持っており、携帯電話サービスのように小売事業者ごとに端末が付いて回ることもないのでネット申し込みに適した商品と言える。

　ネット販売では事業者のブランドがものをいう上、ポイントの使い勝手で電力事業者を選択することも考えられる。そこでブランド力を持ったポイントカードとの提携が重要になる。イギリスではブリティッシュガスがイギリス最大の会員数を誇るNectarカード、大手小売事業者のセインズベリーと提携し、両者のホームページ上で電力・ガスの契約ができるサービスを提供している。ポイントで囲い込み、HEMSの導入を進めた上で需要家のデータを分析しマーケティングやサービス提供に生かす試みも行われている。

　日本でも活動を始めたComverge社やエナノック社は、米国を中心にITを使ってピーク時の電力を抑制するデマンドレスポンスサービスを提供している。電力価格が高騰する夏の昼間などに需要家が電力の使用を抑制することで、電力事業者からインセンティブを受け取り、事業者側は取引市場を通じて電力の削減分を販売する。しかし、日本では電力会社が自らデマンドレスポンスを手掛けるようになり、デマンドレスポンスを専業とする事業者の存在感は低下している。当初は煩雑に見えた顧客対応もシステムが整うと電力会社でも問題なく扱うことが分かった。スマートメーターが普及すれば、システムを扱う手間は一層小さく

なる。

必要となる付加価値サービス

　省エネビル、スマートハウス、スマートシティなど需要家の施設の高度化、IT化が進むのが日本の特徴である。こうしたIT基盤を生かして、電力会社などが、EMSのデータを分析し、有利な料金メニューや家電製品の交換や省エネの提案を行う流れができつつある。

　東京電力はWeb家計簿というポータルサイトを開設し、需要家向けの省エネアドバイス、家電製品紹介などのサービスを提供する意向だ。こうしたサービスの付加価値を高めれば、冷蔵庫・エアコン・液晶テレビといった家電製品の購入時期・メーカー・タイプ・シリーズなどを選択した上で、買い換えの負担と電気料金の削減メリットを比較することも可能となる。電力消費機器の運用も含めた先進的な電力マネジメントと言える。

　楽天は楽天市場のモデルを電力にも適用し、ネット上の店から電力を買うことで、他の商品と共通のポイントを獲得できるようにした。スマートホンを使ったデマンドレスポンスサービスも検討している。アプリをインストールするだけでポイントが溜まるようにし、楽天市場への誘導を狙う。電力関連のサービスが顧客を取り込むモデルだ。

　静岡で都市ガスやLPガスを販売するトーカイは東京電力と提携し、電力とガスをセット販売することを発表した。将来的には、通信、水、介護機器などの生活関連サービスを取り込み、ガス会社から生活サービス企業へ転換を図る。包括的なサービスを拡販する場となるのがウェブ会員サービスである。トーカイの販売するガスや飲料水を購入するとカードが送られてきてウェブ会員への登録へと誘導される。ウェブ画面ではセット商品が容易に選択できポイントも貯められる。セット販売による顧客囲い込みを加速するITサービスのモデルだ。

　このように、日本でも電力ビジネスでITサービスは必須となる。しかし、ITサービスだけでビジネスとして存立するのは容易ではないようだ。利幅の小さいエネルギー市場で付加価値を得るにはIT単独での

商品設計には限界があるからだ。電力料金の中だけで勝負するのではなく、それを取り込むことで他のサービスを含めて事業の価値を高める工夫が必要と考えるべきだろう。エネルギー会社がITを取り込むか、ITを生かし他業種が電力を取り込むかの路線に分かれた競争が繰り広げられることになりそうだ。

図表3-1(1) 電力小売事業者と顧客に対する各事業者のポジショニング

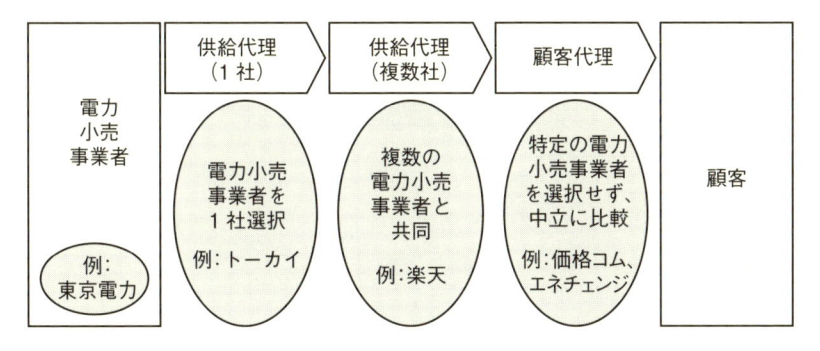

電力小売事業者	供給代理（1社）	供給代理（複数社）	顧客代理	顧客
例：東京電力	電力小売事業者を1社選択　例：トーカイ	複数の電力小売事業者と共同　例：楽天	特定の電力小売事業者を選択せず、中立に比較　例：価格コム、エネチェンジ	

（出典：著者作成）

図表3-1(2) 電力価格の料金比較サイトの特徴

	運営企業概要	共通入力項目	特徴
カカクコム	価格.com、食べログ.comなど商品比較サイトを運営	郵便番号、現状の契約プラン、世帯人数、月間使用量、日中・夜間・休日の在宅状況など	・「電気代の掛かる家電ランキング」などを通じて他の製品コーナーへの誘導も実施 ・カカクコム特有の限定プラン提示
エネチェンジ	電力のビッグデータ解析などを強みにするベンチャー企業		・CO_2排出量、サポート体制、地域密着度で小売事業者を比較 ・優先したいセット販売やポイントサービスで絞り込み可能

（出典：カカクコム、エネチェンジHPを元に著者作成）

2 規制緩和で成長する小規模水力発電事業

> **ポイント**
> - 水力発電に適した日本の地形
> - 大型は適地が残っていないが小水力のポテンシャルは大きい
> - 一方で、事業規模が小さく単体での採算確保が困難
> - ダムや堰などの既存構造物を活用した小水力に期待
> - 水資源分野での規制緩和により普及を促進

多雨と急峻な地形による豊富な水資源

　日本はエネルギーの大部分を輸入に頼っているが、水力資源については世界的に見ても恵まれていると考えていい。雨量が豊富で、雨をエネルギーに変えるのに適した急峻な地形を有しているからだ。1892年に日本初の電力事業として蹴上発電所（京都市）が運営を開始して以来、高度経済成長期に火力発電所が大量に整備されるまでは、水力発電が日本の電力を支えた。

　電力構成を見ると、1965年までは水力発電が主要な電源であり、火力発電が全国的に普及した現在でも約9％を水力発電に頼っている。水力発電が安定かつ安価な電源として、日本の電力を支えている状況に変わりはない。

　しかし、大型の水力発電所を作るには、十分な規模の貯水池を作ることが技術的、経済的に可能であることに加え、貯水池から圧力水管を引いて発電を行うための用地も必要になる。こうした条件を備えた地域の多くは高度成長時代までに水力発電に供されており、これから大規模水力発電所を作ろうとすると、貯水池、発電所双方の建設に多額の費用を要するとされる。

　一方、小型の水車を回せる開水路や小さな落差は無数と言ってもいいほどある。大陸に比べ日本の河川は水源から海までの長さが極端に短いため、ほとんどの流域で適当な水量と流れがあるからだ。他にも農業用

水路、上下水道、ダム、工場・ビル内で使用される水など、利用できる水源は多様である（**表3-2**）。こうした流れを利用する小水力発電は、水利権や土地の確保などの問題をクリアできれば、日本中のあらゆる場所で可能になる。

あまりにも小さい事業規模

　小水力発電の課題は発電規模が小さすぎることだ。例えば、河川水を利用した福岡県の「ちくし発電所」では、最大 2.5 m^3/s の量の下水が28.6 m の落差で流れているが、発電容量は 9.9 kW に過ぎない。稼働率を 60％ と仮定して固定価格買取制度の優遇単価 14 円／kWh を適用し全量売電しても、年間の収入は 4,000 万円/年程度にとどまる。この規模の設備には 5～10 億円のコストが掛かるから、人件費や維持管理費を除いても投資回収に 12～25 年程度要することになる。固定価格買取制度を使っても、よほど発電条件に恵まれた場所でない限り単体で収益を得るのは厳しいのが実態なのだ。

　ただし、発電用地によっては投資回収が見込める可能性もある。例えば、敷地内に小水力発電の適地があり、電力を定常的に消費する小規模工場や事業所が立地するケースだ。相対的に高価な低圧の単価で電力を調達していれば、電気代を低減できる可能性がある。実際にこうしたケースはまれだから、小規模水力は地域の魅力度向上、環境政策、CSR、顧客合アピールなどの観点で発電施設の費用を負担し採算性を補うことになろう。

既存ダム、堰での可能性

　一方、既存のダムや堰からの放流水を活用すると、事業としての可能性は一気に高まる。例えば、長野県高山村にある「高井砂防ダム」では、県が管理する砂防ダムに貫通孔を開けて発電用の取水を行う小水力発電事業が 2015 年 10 月に運転を開始した。同発電所の最大の特徴は、既設のダムを利用するため新たなダムや取水堰を建設する必要がないことである。有効落差 36 m を利用できる上、減水区間が短いため 420 kW の

発電能力を確保できる。同発電所で作られる電力により、高山村の約3分の1に当たる750世帯への電力供給が可能になるという。

官民連携で事業化された小水力発電事業の事例もある。石川県金沢市にある平沢川小水力発電所は、県が所有するダムを使って新たに設置する発電事業である。石川県の土木砂防課が公募により民間の発電事業者を募集し、選定された株式会社柿本商会が施設建設から管理運営までを一括して手掛ける。2014年4月に着工し、2015年5月には運転を開始した。工期の短さも既存のダムや堰を活用する利点と言える。同県は「石川県再生可能エネルギー推進計画」に基づき、県管理の砂防ダムを活用した民間事業者による小水力発電事業を支援しており、今後も同様の事業が増えていくものと期待される。

国や都道府県が所有するダムは全国にたくさんある。そうした資源を活用し同様の事業を展開すれば、効率性の高い小水力発電を立ち上げる可能性が増えるはずだ。

水資源分野での規制緩和が鍵

一方、ダムや堰といった既存構造物を生かした小水力発電を行うには、水利権の問題を解決しないといけない。2013年に、小水力の導入促進を視野に河川法が改正され、農業用水や水道用水など既に許可を得ている流水を利用して水力発電を行う場合の手続きが簡素化され、許可制が登録制に変わった。しかし、農業用水や水道水以外の水利権については、いまだに認可のための手続きが必要とされ、小水力発電の障壁となっている。

このように、小水力発電の拡大のためには、水資源に関わる規制緩和が鍵になる。水利権の枠組みは従来の慣習を踏襲していることが多く、水量や季節変動、あるいは需要の変化など実態に即した活用方法が十分に検討されているとは言い難い状況にある。豊富な水力資源を生かすためにも、水力資源の把握と有効活用のための政策的な枠組みづくりが期待される。

表 3-2 小水力の水源の特徴

水源	発電方法の概要	適地の数	水利権の取得	発電出力	季節変動
河川	河川の堰などの落差を利用して発電	多い	必要	小	大
農業用水路	農業用水路をバイパスする導水管により落差を確保して発電	多い	必要	大	大
砂防ダム	砂防ダムに穴を開けて取水し、ダムの落差を利用して発電	少ない	不要	大	大
水道用水	浄水場などの施設内の落差を利用して発電	少ない	不要	小	小
下水処理水	下水処理場などの施設内の落差を利用して発電	少ない	不要	小	小
工場、ビル内	工場やビル内の排水や冷却循環水の落差を利用して発電	多い	不要	極小	小

(出典：著者作成)

3 着実な普及が期待される燃料電池

> **ポイント**
> ・家庭用燃料電池、燃料電池自動車の価格、性能が飛躍的に進化
> ・背景には、ITの革新的な進化がある
> ・ITとの相互作用で燃料電池の性能と経済性は確実に進化を続ける
> ・燃料電池の広範な普及は用途開発と水素供給が鍵

革新された燃料電池

　家庭用給湯発電機「エネファーム」の性能と経済性の顕著な改善と、燃料電池自動車の量産車「ミライ」が約700万円で市場投入されたことで、燃料電池が再び注目されている。

　理論的には、内燃機を大きく上回る性能を持ちながら、基本的な技術の壁が燃料電池の普及を阻んできた。最近になって、性能、経済性両面で革新的な進化を遂げたのは、4つの技術的なブレークスルーがあったからだ。

　1つ目は、電解質材料の進化による燃料電池セルの小型化である。ミライに用いられた固体高分子形燃料電池（PEFC）では、電解質を水素が通過する際に電気が流れるため、電解質を薄膜化できれば水素が通り抜けやすくなり発電効率が向上する。その上、セルも小型化できるので、材料費も削減できる。従来は、薄膜化するとセルが損傷しやすかったが、剛性に優れた膜材料が開発され薄膜化が実現された。

　2つ目は、触媒の最適設計による白金などの貴金属の削減である。従来は、高価な白金を多量に使用する必要があったが、薄膜の上にどのように白金原子を配置すればいいかを分子レベルでシミュレーションできるようになり、白金の使用量を大幅に減らせるようになった。

　3つ目は、ガスと水の流路を作るための加工技術の進化である。燃料電池では、水素が酸素と結合して水が生成するが、水分がガスの流路を

塞ぐと安定した発電が阻害される。従来は、適切な排水が難しかったが、超微細加工によってガスと水の流路を作ることで稼働が安定した上、反応効率も向上し装置が小型化した

4つ目は、既存部品が流用できるようになったことである。燃料電池自動車ミライは、PHVのプラットホームや共通部品が使えるようになったことで、専用に作っていた部品が大幅にコストダウンされた。

燃料電池の可能性

燃料電池自動車では発電効率が40％程度のPEFCが使われているが、住宅用のエネファームでは50％を超える固体酸化物形燃料電池（SOFC）が開発されている。

SOFCでは、セラミックスなどの固体酸化物の電解質を酸素イオンが透過する際に発電する。従来、酸素イオンを透過させるためには、電解質を1,000℃程度に熱して酸素イオンを活性化する必要があった。電解質の温度分布を均一にできないと亀裂が入るため、高精度の材料づくりと厳密な加工が必要になり、コストを押し上げていた。

近年、SOFCについて、反応温度の低下、発電効率の向上の面で画期的な技術開発の成果が上がっている。大阪大学は反応温度を300℃程度に低下できる材料を開発した。東京ガスと九州大学は、700℃程度で発電効率を80％以上にすることができる材料の設計手法を開発し、シミュレーションで有効性を確認した。コンピュータの性能が急速に進歩したことで設計から実装への時間が短縮されており、遠くない将来一層の性能向上が期待できる。

これからも伸びる燃料電池の性能

燃料電池の発展を支えたのは、ITの飛躍的な進化を背景とした高度な設計、材料技術、微細加工技術である。2000年代後半、コンピュータの性能が飛躍的に向上し、ナノレベルの微小な分子構造を考慮した材料製造のシミュレーションが効率よくできるようになった。これにより、化学者のノウハウや経験に頼っていた材料設計は、コンピュータの

パワーを最大限発揮してシミュレーションをいかに速く回すか、という方向に転じつつある。この結果、新材料の発見や構造設計の改善が加速し、燃料電池の進化を推し進めている。米国などでは材料の実験をせずに構造設計だけで特許が成立する事例も出てきており、新たな開発手法による材料分野での知的財産競争が始まっている。

技術設計の進化は技術の融合を進めた。設計、材料、加工の要素技術とIT技術は、要素技術が進化するとITの性能が上がり、ITの性能が上がると要素技術の性能が上がる、という好循環の関係にある。こうした好循環が、IT、高分子化学、電子工学、機械工学などの技術の融合を進めて、燃料電池をはじめとする複合技術の開発を加速している。循環を背景とした燃料電池の進化は今後も続く。

ガスコジェネレーションとしての経済性と普及の可能性

SOFCの発電効率は理論的に70％まで高めることが可能とされていたが、昨今では80％を達成する可能性も出てきた。発電端で見ても60％程度の系統電力向け天然ガスコンバインドサイクルの発電効率を凌駕する可能性が高まっている。燃料電池は化学反応によって発電するので、タービンなどのように駆動部分がある機械に比べてエネルギーロスが少なく、発電効率が理論限界に近づく可能性が高くなるからだ。

一方、燃料電池自動車はこの数年間で大幅に経済性が改善された。燃料電池自動車ミライの燃料電池の出力は114kWだから、車両価格の半分が燃料電池と考えても、燃料電池の単価は約3万円/kWに過ぎないことになる。大型蒸気タービン、ガスエンジンなどの大型発電機をはるかに凌駕する単価だ。駆動部分がある機械設備に比べて、経済性や発電性能を横展開しやすいから、定置用燃料電池のコストも一層低下する可能性がある。

ITとの相互進化で燃料電池の性能と経済性が今後も向上し続けることは間違いない。そうなればエネルギーシステムが根幹から変わる可能性もある。鍵を握るのは燃料電池自動車、コジェネレーションなどの用途開発と水素供給の仕組みがどれだけ進むかだ。官民協働の下での、普

3 着実な普及が期待される燃料電池

及戦略が欠かせない。

図表3-3(1) 燃料電池の課題と改善のポイント

	小型化	コスト低下	発電能力向上	構造簡素化	発電安定化	耐久性向上
① 電解質材料の進化	○	○	○	○	○	○
② 白金触媒の最適設計技術の進化	○	○				
③ 流路の加工技術の進化			○		○	○
④ 既存部品の流用		○		○		

(出典：著者作成)

図表3-3(2) 燃料電池の要素技術のITとの一体的進化の構造

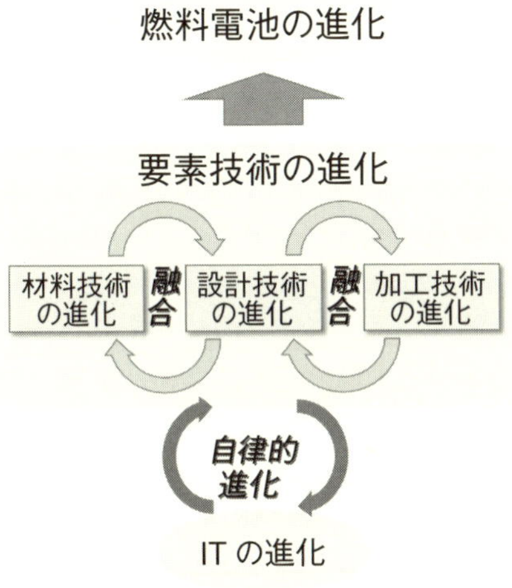

燃料電池の進化

要素技術の進化

材料技術の進化　融合　設計技術の進化　融合　加工技術の進化

自律的進化

ITの進化

(出典：著者作成)

101

4 熱利用・燃料化を目指すバイオマス発電

> **ポイント**
> ・ドイツの再エネの中心はバイオエネルギー
> ・バイオマス発電は調整機能を持つ唯一の再エネ
> ・日本版 FIT による木質モノジェネへの偏重
> ・廃棄物との混焼による木質バイオマス利用の促進の可能性
> ・技術革新、規制緩和、既成概念の払拭が熱利用と燃料化拡大の鍵

ドイツを躍進させた再エネの中心

再エネ先進国ドイツでは、2013 年時点で総発電量に占める再生可能エネルギーの比率が約 23% に達している。内訳を見ると、風力、バイオマス、太陽光の順となっており、他国と比較してバイオマスの比率が高い。

風力発電と太陽光発電は自然条件による変動が大きいため、この 2 つに特化した再エネ政策を進めると、変動を吸収するためのコストが大きくなる。ドイツが再生可能エネルギーの導入量を一層拡大しようとしている背景には、資源さえあれば場所と時間を選ばずエネルギーを供給できるバイオエネルギーに力を入れてきた歴史がある。

バイオマス発電の最大の特徴は、化石燃料と同様に、貯留した資源を燃焼しエネルギーを取り出せることだ。チップやペレットなどの木質バイオマスにしても、ガス化により得られたバイオガスにしても、貯留が容易で、自然条件により利用可能量が決まる風力や太陽光に比べはるかに使い勝手がいい。賦存量の大きい再生可能エネルギーの中で、バイオマス発電は太陽光発電や風力発電の変動を調整する役を担うことができる唯一のエネルギーと言える。

木質モノジェネへの偏重

日本でも固定価格買取制度の対象に位置づけられたことで、木質バイ

オマスを中心にバイオマス発電事業が急増している。バイオマス発電は以下のように類別できる。

(1) メタンガス系

畜産廃棄物、下水汚泥、食品残渣などを原料としてメタンガスを生成しコジェネレーションに供する。ドイツのバイオマス利用の特徴の1つ。

(2) 木質コジェネ系

木質バイオマスを直接燃焼ないしはガス化・燃焼しコジェネレーションに供する。

(3) 木質モノジェネ系

木質バイオマスを直接燃焼ないしはガス化・燃焼し熱利用のない発電に供する。固定価格買取制度により国内で急増中。

(4) 廃棄物系

一般廃棄物等の焼却熱を発電、ないしはコジェネレーションに供する。

(5) 液体燃料系

エネルギー作物や藻類からエタノールなどの燃料を抽出し発電に供する。

こうした多様な手段がある中で、固定価格買取制度の下、太陽光発電に続いて木質モノジェネ系バイオマス発電事業への参画ラッシュが生じている。木質モノジェネ系の発電効率は20%程度しかないため、バイオマス資源を無駄遣いしていることになる。ドイツ、オーストリア、スイスなどでは、木質バイオマス発電を行う際には、エネルギー変換効率を60%以上とすることが固定価格買取制度適用の要件とされており、コジェネレーションを適用せざるを得ない。

木質バイオマス発電に過度の買取価格が設定されたことがエネルギー効率を軽視したバイオマス発電に偏重する状況を生んだ。大型の木質バイオマス発電所の乱立により、森林資源の計画的な利用が危ぶまれるとの指摘がある。林業事業者からは固定価格買取制度終了後の資源活用の継続性を懸念する声も上がっている。ドイツで木質バイオマス発電が継

続している背景には、強固な林業基盤により木質バイオマスの供給体制が確立されていることがある。

廃棄物発電というバイオマスエネルギー拠点

　日本のバイオマス発電の持続性を高める1つの方法が、世界でも最も高度に普及した廃棄物発電の基盤を活用することだ。一般廃棄物処理施設は廃棄物の安定処理と減量化を主目的とする施設だが、エネルギー利用の点から見ると、燃料となる廃棄物を収集するインフラが確立されており事業としての信頼性が高い。最近では、発電効率が25%近くに達する施設もある。熱量の高い木質を混焼すれば更に効率が上がるため、20%程度の木質バイオマス発電よりも効率的だ。バイオマスの混焼を進めれば廃棄物発電所の稼働率向上と木質バイオマスの有効利用を同時に進めることが可能なのだ。同規模のバイオマス発電所と廃棄物発電所との比較を**図表3-4**に示す。

　廃棄物処理施設は一般に迷惑施設とされるために、郊外部に立地することが多いが、大型の木質バイオマス発電所と比べれば総じて集落に近い。ドイツでは数キロ離れた地点への熱供給は普通に行われているから、廃棄物処理施設の余熱を住宅、事業所で利用することは可能だ。そうなれば廃棄物と木質バイオマスの混焼を通じて、木質バイオマスのエネルギー利用率は更に高まる。

鍵を握るエネルギー利用方法

　一方、日本で熱導管を敷設するためにはドイツなどの数倍のコストが掛かると言われ、熱利用が進まない原因となっている。その原因はコストの9割を占める土木工事費である。より安価な工法を確立するための技術開発と並行して、電気やガスと同様に導管を埋設しなければならない、という考え方や規制を変えることが熱利用を進めるための前提とも言える。

　バイオマスはバイオガスやバイオエタノールなどの燃料に転換すると効率の高い化石燃料インフラを利用できる。バイオ燃料の供給が十分で

ない段階では、化石燃料との混焼も可能だ。最近では、難しいとされてきたガス利用が可能になったり、コストが下がったりする例も出ている。燃料化の技術革新がどれだけ進むかも、バイオマスの有効利用のための重要な観点だ。

図表 3-4　同規模の木質バイオマス発電所と廃棄物焼却施設との比較

施　設	木質バイオマス発電所	廃棄物焼却施設
発電規模	10,000 kW	10,000 kW
発電方式	蒸気タービン駆動	蒸気タービン駆動
発電効率	20%	23%
稼働率	80%	70%
稼働時間	24 時間	24 時間
発電量	70 GWh/年	61 GWh/年
燃料使用量	約 120,000 t/年（木質チップ）	400 t/日（一般廃棄物） 57,000 t/年（バイオマス量）

（出典：著者作成）

5　地方創生の鍵となる地域エネルギー事業

> **ポイント**
> ・ドイツの生活インフラサービス会社は地域経済に貢献
> ・日本では地域経済の成長エンジンとなる事業創出に期待
> ・固定価格買取制度見直しは再エネの地産地消に追い風
> ・地域の、地域による、地域のための事業にはハードルが

◆ ドイツのシュタットベルケ

　ドイツでは再生可能エネルギーを除く発電規模の2割弱、電力小売の5割弱のシェアをシュタットベルケという地域エネルギー会社が担っている。900社近いシュタットベルケが地域の住民や地元企業に対して電力を供給しているのだ。寒冷地の多いドイツでは発電を行うと同時に熱を供給して無駄なくエネルギーを利用するのも特徴だ。

　正確にはシュタットベルケは純粋な電力会社ではない。電力だけでなく、ガス、熱、水道、公共交通、通信、廃棄物、あるいは浴場など、地域の生活基盤を支える生活インフラサービス会社だからだ。地域内で雇用や仕事を生み出し、林業を基盤とする木質バイオマスや廃棄物などの地域資源を活用することで地域経済を支える役割を担っているため、地域住民からの支持が高い。エネルギーなど相対的に収益性の高い事業から得たキャッシュフローで、赤字になりがちな公共交通サービスを支えている例もある。

　結果として、ドイツでは大手の電力会社より価格が1～2％高くても、シュタットベルケから電力を購入する住民が多い。地域を支えるシュタットベルケは、知り合いが働き、地元の顔見知りが営業に来る身近な存在でもある。自由化前、シュタットベルケは競争に敗れてなくなるとの声もあったが、一時大手電力会社に奪われた顧客が、地域に密着した営業と省エネなどの顧客サービスに引かれてシュタットベルケに回帰し

ている例が少なくない。

高まる地方振興策への要請

　日本では長期にわたる経済の低迷で地方は厳しい状況に置かれている。しかし、本格的に人口が減るのはこれからであり、2030年頃になると地域経済は一層厳しさを増す。地方創生は一時的な政策テーマではなく、日本全体にとって長期的な課題だ。地域の衰退と大都市の成長を分けて考えがちだが、地域の衰退は日本経済全体を引き下げることになる。国の体力があるうちに地域の活力を取り戻すための投資を行わなくてはならない。これまでは公共投資に頼りがちだったが、道路や橋梁などのインフラ整備も落ち着き、製造業の海外移転が進む中で地方が活力を取り戻すには、多くの地域に共通する資源を生かして長期的に持続し得る事業を立ち上げることが必要だ。本格的な事業が地域にできることで経営者や技術者の育成が図られる。また、地域の人材が事業を興せば、事業創出の連鎖を生み出すことができる。

　ドイツのシュタットベルケに倣った地域エネルギー事業は、そのための数少ない選択肢の1つである。電力、ガス、水、交通などはどこの地域でもある事業資源だからだ。雪国では冬に毎月何万円も暖房費に費やしている家庭もあるから、電熱供給のニーズもある。ドイツでは、大手電力から電気を買うと地域に循環する資金は電気代の10%程度にとどまるのに対してシュタットベルケから買うと、30%程度の資金が循環するという試算もある。再生可能エネルギーの導入促進策の追い風を捉えて、木質バイオマスなどの地域資源を生かせば資金循環は更に大きくなる。

地産地消が見直される再生可能エネルギー政策

　固定価格買取制度は再生可能エネルギーの導入量を飛躍的に増加させたが、メガソーラーが急激に増えすぎ、送電網の電圧や周波数の調整に不安が生じた。また、国民が多額の賦課金を負担する割に地産地消の効果も低く、地域の外からやってきた投資家が利益を享受しただけの事業

も多い。2014年9月に九州電力が公表した再生可能エネルギーの受け入れを一時停止する問題が起きたことなどもあり、2016年には再生可能エネルギー特措法が改正される。

ドイツでは1970年代のオイルショックの頃から、熱を有効利用して総合エネルギー効率を高めるエネルギー政策が進められ、各地で熱導管が整備された。再生可能エネルギーの中でも地域性が強いバイオエネルギーが拡大したのはこうした基盤があったからだ。

メガソーラーバブルの反省を踏まえ、日本でも再生可能エネルギーは地産地消型に回帰していく。地域エネルギー事業の重要な基盤となる。

地域エネルギー実現の条件

しかし、地域エネルギー事業の立ち上げにはいくつものハードルがある。メガソーラーを作るのと違い、以下の3つの観点から地域に働きかけていく必要があるからだ。

1つ目は、地域への投資を促進するための基盤を創ることだ。地域でエネルギーを立ち上げるメリットが見えるようになれば、民間事業者からの投資が拡大する。代表的な例が熱導管の整備である。熱導管が整備されれば、木質バイオマス、廃棄物、バイオガスなどの事業性が高まる。投資促進による地域経済底上げ効果を考えるのであれば、公的資産として整備を積極的に進めるべきだ。熱配管の実用耐用年数は50年程度ある。こうした長期の利用が可能で、立ち上げ時の需要が読みにくい資産については公共資産として整備した方が効率的である場合が少なくない。その上で、長期の償還期間を前提とした利用料の設定や民間移転を踏まえれば、将来的には民間主導の地域エネルギー事業を生み出すことができる。

2つ目は、地域主体であることだ。地域エネルギー事業の効果を効率よく地域に還元し、長期にわたり事業を維持していくためには、地域の業者が中心となって事業を立ち上げる必要がある。しかし、電熱供給や需給制御のための高度な技術の整備、運営などを担うための十分な事業資源のない地域は多い。そうした場合は、自治体が積極的に関与するこ

とで地域外の事業者の技術やノウハウを取り込み、域内の事業者との橋渡しを担うべきである。PFIなどでは、地方部で高度な技術を要する事業を立ち上げた実績もあるから、工夫次第で地域エネルギー事業でも域外からの技術、ノウハウの取り込みが可能だ。

3つ目は、地域住民がメリットを感じるサービスを実現することである。ドイツのシュタットベルケが継続している1つの理由は、自由化後の競争下でも住民に選択される価値を生み出しているからである。住民から選択されれば、事業としての持続性が高まるだけでなく、地域創生の目的である住民の定着、人材の吸引にも貢献できる。そのためには、融雪、緊急時のエネルギー確保、コンパクトシティ化の後押し、林業・農業資源の活用、といった地域の価値を高める仕組みに加え、住民とのコミュニケーション、社会性のある事業への貢献などによる地域との結び付きが重要になる。

結局のところ、地域エネルギーの実現は、当初は国や自治体が立ち上げを支援しつつも、地域の事業者や人材が主体的に活動する事業へといかにつないでいけるかに掛かっていることになる。

図表3-5 ドイツの再エネ規模の増大と4大電力の発電シェア

発電タイプごとの割合

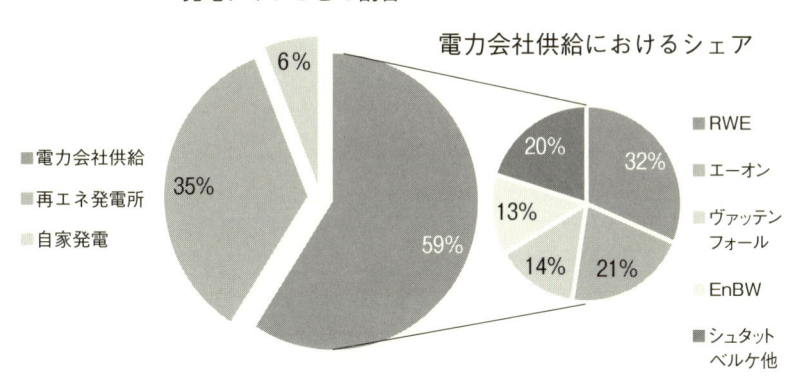

■電力会社供給
■再エネ発電所
■自家発電

35%
59%
6%

電力会社供給におけるシェア

20%
32%
13%
14%
21%

■RWE
■エーオン
■ヴァッテンフォール
■EnBW
■シュタットベルケ他

（出典：BDEW（ドイツ連邦エネルギー・水道事業連合会）資料）

6 長期的な視点が必要な蓄電池事業

ポイント
- リチウムイオン電池は優れた特性の半面課題も抱える
- EV普及速度に合わせて蓄電池の価格低減速度も緩慢に
- 防災機能も魅力の家庭向け定置型蓄電池
- 系統と再エネの共存に重要な役割を果たす系統制御用蓄電池

● EVの中核・リチウムイオン電池とその課題

　蓄電池の用途は携帯電話・家電機器向けの小型蓄電池、ハイブリッド自動車（HV）、プラグインハイブリッド自動車（PHV）や電気自動車（EV）などの車載用蓄電池、住宅など向けの定置用蓄電池、電力系統制御用の大型蓄電池に分かれる。ただし、蓄電容量×機器台数の規模で考えると、車載用蓄電池の市場規模が最も大きくなる。こうしたエコカー向け蓄電池の中心となっているのがリチウムイオン電池である。

　リチウムイオン電池は、ニッケルカドミウム電池やニッケル水素電池などに比べ、同じ体積、重量で2倍、3倍程度エネルギー密度が高い。携帯端末や自動車など、限られたスペースに搭載するための重要な特性である。さらに、リチウムイオン電池には、充放電を何度も繰り返すうちに充電容量が減っていくメモリー効果が少なく、充放電サイクル寿命が長い、自己放電が相対的に少ないといった長所もある。そうした優れた特性からEVの中心的な技術として期待されているが、第2章4節で述べたように、充電時間の長さ、走行距離の制約などから、EVの普及は伸び悩んでいる。その分だけ、生産量の拡大によるリチウムイオン電池の価格低減の速度も緩慢になっている。

　リチウムイオン電池は優れた特性があるが、万能の蓄電池という訳ではない。例えば、充放電速度は電気自動車を広く普及させるためにいまだ不十分である。蓄電池の充放電速度はCレートで表される。電池の

全容量を1時間掛けて充放電する電流値を1Cレートとし、その何倍の電流値で充放電できるかを表す指標であり、30分で放電が完了する場合は2Cとなる。現在の一般的なリチウムイオン電池のCレートは1Cから2C程度なので、急速充電器を使っても充電に30分〜1時間程度掛かる。長距離を走れるように電池搭載容量を多くすると充電に長時間を要し不便さが増すというパラドックスを抱える。Cレートが大きくなればこの状況は改善される。例えば、100Cの蓄電池ができれば数十秒で充電が終了し、燃料補給でもガソリン給油より便利になる。リチウムイオン電池に限らず、Cレートの向上は蓄電池の研究開発の重要なテーマだが、ガソリンよりエネルギー充填の利便性が高い蓄電池の開発のめどは立っていない。

一方、Cレートが大幅に向上したEVが大量に普及した場合、高出力の充電環境を整備するために、電力インフラ側の改善が必要になる可能性もある。こうした蓄電池、社会インフラ両面の改善を短期間に実現するのは難しい。EVは、蓄電池の性能・価格、社会インフラがバランスよく改善される中で徐々に普及が進むと考えるのが妥当だ。その分だけ、蓄電池の価格低減速度も緩慢になる可能性がある。

期待される定置型蓄電池

エリーパワーなどが手掛ける家庭向け定置型蓄電池にも注目が集まっている。定置型蓄電池の目的は主に3つある。

1つ目は、深夜電力などの安い電力を貯めておき、夕方などの需要ピーク時に放電して系統からの電力購入を抑える負荷平準化である。基本契約電力量を下げる効果もある。

2つ目は、再生可能エネルギーの余剰電力の蓄電だ。太陽光発電などの余剰電力を蓄電できれば、電気の買取価格が下がったり、固定価格買取制度が終了した後でも再エネを無駄なく利用できる。将来の固定価格制度の解消を見込んで、家庭向けでも注目を集めつつある。

負荷平準化や余剰電力蓄電の効果があっても、蓄電池の価格が高ければ導入コストを回収できない。そこで重要になるのが、3つ目の非常時

の最低限の電力供給である。非常時の電力供給の価値を経済的に評価することは難しいが、いざという時の備えとして先進的なスマートハウスで採用される傾向にある。

　EVやHVなどの中古蓄電池を定置型に適用する事業も始まっている。自動車用蓄電池は容量が大きく劣化による容量低下がすぐに問題になるが、定置型用であれば劣化後でも十二分な容量がある。容量が一桁大きい自動車用の中古蓄電池を定置用に再利用する仕組みは、蓄電池コストを下げたい両者のニーズと、自動車用排蓄電池のリサイクルという一石二鳥の効果がある。

系統電力と再エネの共存を支える制御用蓄電池

　系統内での再生可能エネルギーによる出力変動を吸収するために利用される蓄電池は、自動車用よりはるかに大きな容量が必要になる。リチウムイオン電池を大量に並べる方法もあるが、現段階では経済的な理由から、kWh単価が小さなNAS電池やレドックスフロー電池などを利用することが多い。レドックスフロー電池は、電池反応を行う電解セル、電解液を貯蔵する正負極のタンク、電解液をタンクからセルに循環するポンプ、配管などから構成されている。重量エネルギー密度がリチウムイオン電池の1/5程度と低く小型化には向いていないが、サイクル寿命が1万回以上と長い、構造が簡単で安全性も高く容量当たりのコストが安い、という特長がある。東北電力は、住友電工と共同で、2万kW規模のレドックスフロー電池を変電所に併設し、再エネ出力変動の影響を緩和する実証実験を行っている。

　NAS電池は、負極にナトリウム（Na）、正極に硫黄（S）、両電極を隔てる電解質にファインセラミックスを用いた蓄電池であり、やはりサイクル寿命が長く、単価が低いという特長がある。エネルギー密度もリチウムイオン電池並みに高い。ただし、動作温度を300℃に維持する必要がある上、NaやSが危険物に指定されていることから、安全確保や事故発生時の対策が課題となる。実際、2011年にNAS電池は火災事故を起こし、一時期販売が停止されていたが、翌年には製造元である日本

ガイシによって原因が解明されて、構造的な改善が施され販売が再開した。2013 年には、イタリアの大手送電会社 Terna 向けの合計 7 万 kW 分の電力系統制御向け蓄電池を提供することが発表された。

レドックスフロー電池、NAS 電池は大容量向けの技術のため家庭やビルなどに設置されることは少ないが、再エネの本格普及に向けて、系統設備側に設置される事例は確実に増えていくだろう。

電気が誕生して以来、蓄電は夢の技術であり続けた。昨今、革新的に技術が進歩したとはいえ、コストも高く夢の全面達成にはまだまだ技術開発が必要なようだ。

図表 3-6　蓄電池種別ごとの特性比較

	リチウムイオン電池	鉛蓄電池（長寿命タイプ）	ニッケル水素電池	NAS 電池	レドックスフロー電池
エネルギー密度（Wh/g）	◎ (200)	△ (35)	△ (60)	○ (130)	△ (10)
kWh 単価	△ (20 万円)	◎ (5 万円)	○ (10 万円)	◎ (4 万円)	○ (10 万円)
適用規模	小〜中規模	小規模	小〜中規模	大規模	大規模
安全性	△	○	○	△	◎
寿命（充放電サイクル）	○ (3500 回)	△ (3150 回)	△ (2000 回)	○ (4500 回)	◎ (1 万回以上)
自己放電	◎	△	○	◎	△

（出典：各種資料を元に著者作成）

7 従来型資源と再エネ混在のエネルギー資源開発

> **ポイント**
> ・技術開発と石油価格高騰が引き起こしたシェール革命
> ・石油価格変動に翻弄されるシェールガス・オイル開発
> ・期待されるメタンハイドレートも技術開発と外部環境次第
> ・従来型資源との競争と再エネ政策との駆け引きが鍵を握る

シェール革命とは

　天然ガスは数億年も掛けて生物起源の有機物が海中で積み重なり、熱や圧力を受けて化学変化して生成された。天然ガスは蓄積されたガスが堆積岩（頁岩（シェール）層）から染み出し、ガスを通さない地層の下にたまっている場所、ガス田から採掘されている。

　一方、堆積岩の中にたまっている天然ガスのうち、回収可能なガスをシェールガスという。シェールガスの存在は古くから知られていたが、頁岩は粒子が細かく流体を通す隙間がほとんどないため、商用の天然ガス資源とはならなかった。しかし、2000年代に入ってから水圧破砕法によってシェール層に割れ目を作ってガスを採取する技術と深い位置で横穴を掘る技術が確立して採掘が可能となり、シェールガス革命と呼ばれるようになった。

　シェール層はガス田に比べ広く分布しているため、国土の広いアメリカ・カナダで生産量が拡大した。その結果、ロシアや中東からの輸入が減り、高騰していた国際的な天然ガス価格を下げる救世主となった。シェールガスの世界全体の埋蔵量は約190兆m^3にも及び、世界の年間ガス消費量、約3.4兆m^3の約60年弱程度分もあると言われる。

　シェール層からはガスだけでなくオイルも採取・生産できるので、シェールガス、シェールオイルを含めて「シェール革命」ということもある。ちなみに、シェールオイルの埋蔵量は、全石油埋蔵量の約10％

になると言われる。

● シェールガス・オイル開発のリスク

　期待の大きいシェール革命だが、シェールガス・オイルは安い資源ではない。いくら最新の技術を用いても、硬い岩盤からの採掘にコストを要す上、一本の井戸から回収できる資源量は限られているからだ。ただし、広域に分布しているシェール層に対して、高密度で大量の井戸を掘れば、全体として収益性を高めることができる。消費地へのパイプラインが整備されていれば、投資から回収までのスパンも短くできる。

　しかし、一本一本の井戸から得られる利益が小さいだけに、市場価格が下がると不採算に陥りやすい。もともと、通常の天然ガスの生産コストが約1ドル/百万BTUであるのに対し、シェールガスの生産コストはその数倍と考えられていた。それが、2004年に原油価格とそれに連動した天然ガス価格が高騰し始め、状況が大きく変化した。2005年の米国内の百万BTU当たりの天然ガス価格は前年を3ドル近く上回り9ドル弱に達した。これにより、シェールガスの生産が採算に合うようになり開発が進んだ。そうした中、2014年6月以降の中東諸国の原油の低価格攻勢を受けて増産機運が反転し、シェールガス陣営は苦戦を強いられるようになる。例えば、2015年6月、伊藤忠商事は多額の減損損失を計上した米シェールオイル・ガス事業からの撤退を決めている。

　逆に言えば、シェールガスは原油価格が上昇すれば事業を拡大して収益を得られる事業でもある。中長期で見れば原油価格も再上昇するだろうから、再び勢いを増す可能性はある。投資時期次第で収益の振れ幅が大きい投機性の高い事業なのだ。

　シェールガス・オイルの採掘に当たっては価格変動リスクだけでなく、掘削に使う化学物質による地下水汚染の発生、大量の水の使用による地下水枯渇、メタンガス漏えいによる気候変動への影響、排水地下圧入時の地震発生リスクなどが指摘されている。欧州では国によってシェールガス開発に対する姿勢が異なり、制約している国も多い。

　なお、米国でシェールガス開発が順調に進みコストが低減しても、日

本に持ってくる場合には液化し、LNGにしてタンカーで輸送、再び気化させるというプロセスを経るため、価格的なメリットは10%程度でしかない。その意味では、コストメリットはシェールオイルの方が大きい。

日本を資源国にするメタンハイドレート

　日本が自国産の資源として期待しているのはメタンハイドレートだ。低温かつ高圧の条件下でメタン分子が水分子に囲まれた網状の結晶構造の固体で、堆積物に固着して大陸周辺の海底に大量に賦存している。「燃える氷」と呼ばれることが多いメタンハイドレートは、圧力を下げる、あるいは温度を上げると水分子とメタン分子を分離できる。世界全体では、数千兆m^3賦存すると言われ、シェールガスを含めた天然ガスの10倍の埋蔵量があると想定されている。

　日本にも10兆m^3程度の資源量があると見込まれている。日本周辺のメタンハイドレートには砂層型と表層型の2タイプがあり、前者は水深1,000mより深い海底の地下数百mに砂と混じり合って賦存している。太平洋岸沖の東部南海トラフ海域を中心に相当量の賦存が見込まれている。JOGMECは6日間、2万m^3/日の生産を行う実証実験に成功した。日本近海の砂層型メタンハイドレートをオールジャパン体制で開発調査を行う「日本メタンハイドレート株式会社」も設立された。

　後者の表層型のメタンハイドレートは、水深500〜2,000mの海底に塊状で存在する。日本海側沖合を中心に存在が確認されている。現在、正確な埋蔵量を把握すべく、広域的な分布調査が行われている。

　開発は砂層型の方が先行すると考えられており、2013年に閣議決定した海洋基本計画では、平成30年代後半に商業化のプロジェクトが開始されるよう、国際情勢をにらみつつ技術開発を進めるとしている。

　とはいえ、深海での採掘方法はまだ確立されていない、メタンハイドレートからメタンを取り出すのにエネルギーを要し、エネルギー的にどの程度意味のある事業となるのか、海洋の環境にどのような影響があるか、など資源として利用するには難しい課題がある。技術革新がシェー

ルガス・オイルの商業利用を可能としたように、メタンハイドレートにも資源として利用できる道が開ける可能性はあるが、正確な実現時期は見えていない。

　こうした新資源の開発は従来型の石油・天然ガスなどの価格上昇の賜物という面がある。一方で、再生可能エネルギーのコストは下がり続けているため、今後は再エネとの競争という側面も出てくる。再エネのコスト改善が進めば、新資源の開発が減速し、新資源のコストが下がれば再エネの普及が減速する可能性もある。当分の間、化石燃料の開発事業も維持しなくてはならないから、CO_2削減のための政策は難しいバランスが求められることになる。新資源の開発は他資源との競争と政策動向の双方に留意しなくてはならない難しい事業になる。

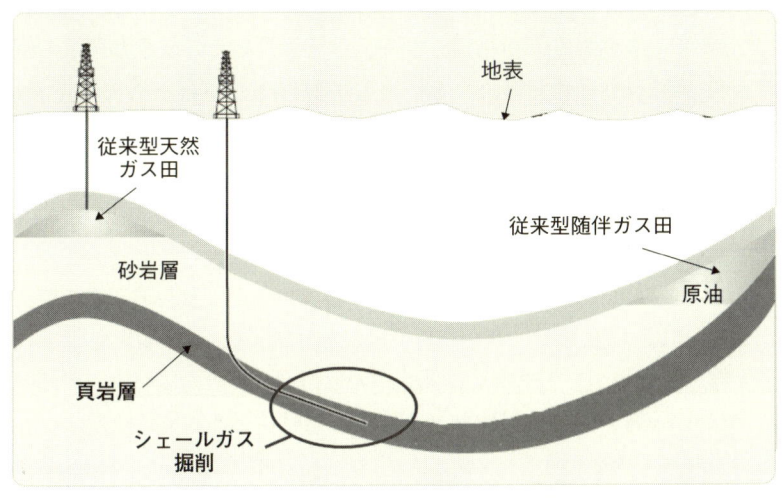

図表3-7　シェールガスの掘削位置

（出典：米国エネルギー情報局資料を元に著者編集）

8 不確実さ含む国内火力発電事業

> **ポイント**
> ・エネルギーミックスの過半を占める火力発電
> ・石炭火力は地球温暖化防止政策の影響を受ける
> ・天然ガス火力は燃料調達力向上で火力発電の中心的存在に
> ・ドイツで顕在化した再生可能エネ増加による火力発電の収益低下

エネルギーミックスの過半を占める火力発電

　2030年のエネルギーミックスでは、天然ガス火力27%、石炭火力26%、石油火力3%と火力発電が過半を占める構成が示された。原子力発電は20〜22%と2割台は維持したものの、東日本大震災前に示された2030年に5割程度との見通しから大きく後退した。原子力発電の割合が低下する中で、安定的な電源として再浮上したのが火力発電だ。2010年度には天然ガス火力27.2%、石炭火力23.8%、石油火力8.3%、と火力が発電量全体の59.3%を占めたが、2013年度では天然ガス火力43.2%、石炭火力30.3%、石油火力14.9%、と火力発電のシェアは88.4%まで高まった。東日本大震災後の電力を支えたのは火力発電である。

　火力発電の事業は化石燃料価格がどう推移するかに左右される。新興国需要を背景に上昇一辺倒だった原油価格は2014年6月頃から低下傾向が続いているが、未来永劫に低水準の価格が続く訳ではない。石油の価格はもちろんのこと、日本のLNG輸入価格は原油価格に連動し、石炭価格も原油価格の影響を免れないため、火力発電は世界経済、産油国の意向、投機筋の影響にさらされる。

　火力発電は化石燃料の埋蔵量に依存している上、地球温暖化防止の観点から持続的とも言えない。電力事業の中心に据えることのリスクもある。東日本大震災後の原子力発電の停止により、天然ガス火力のシェアが急拡大し、ジャパンプレミアムと呼ばれた割高な燃料価格が電力コス

トを押し上げた。

　エネルギーミックスはエネルギー源を分散し、特定のエネルギー源に依存することのリスクを避けることを目的としている。火力発電への依存はなくせないし、過度の依存も避けたい、という政策的な意図に左右される。原子力発電の再稼働、エネルギー会社の提携による調達力向上によるコスト改善、再生可能エネルギーが拡大する中での火力発電の位置づけ、などをできる限り冷静に評価する必要がある。

● 高まる石炭火力へのプレッシャー

　2016年6月、当時の望月環境大臣は東日本大震災以降増加の一途であった石炭火力発電に対し、二酸化炭素（CO_2）排出量増加の観点から懸念を表明し、大阪ガス、J-Power、宇部興産が進める山口県宇部市の石炭火力発電に「待った」を掛けた。2006年の当時の小池環境大臣による東芝とオリックスの山口県宇部市の石炭火力発電の認可見送りを彷彿とさせる出来事であり、石炭火力に参入した事業者に冷や水を浴びせた。PPSなどが計画する小型で効率の悪い石炭火力への影響は必至だ。

　COP21では、中国、米国、途上国を含めた二酸化炭素削減の方向が合意され、石炭火力への圧力が高まった。日本国内でもCO_2排出増大への懸念が再燃している。国際的な地球温暖化の議論の動向を考えると、石炭火力の一方的増加はあり得ない。環境省はエネルギー政策を地球温暖化防止の観点から評価する傾向があるため、石炭火力は今後も国際的な地球温暖化の議論や時の大臣の意向に翻弄されると予想される。

　再生可能エネルギーに熱心なドイツも石炭火力への依存が大きいことや発電コストの低さを考慮すると、日本でも石炭火力が完全否定されることはあり得ない。ただし、超超臨界の採用は当然となり、IGCC（石炭ガス化複合発電）など一層高効率なシステムの導入も必要になる。排ガスからCO_2を分離して地中に貯留・隔離するCCS技術の導入も進めざるを得ない。

第3章　今後の取り組みで評価が分かれるビジネス

自由化による調達力向上で収益性増す天然ガス火力

　自由化時代を迎えて、電力会社、ガス会社により、低コストな天然ガスを調達するための提携が進んでいる。東京電力と中部電力は火力発電と天然ガス調達を担う JERA を設立したことで調達価格を 50% 削減したと言われる。国際的な天然ガス価格の動向が影響したとしても、国内1位と2位の天然ガス調達企業による共同調達はエネルギー業界にインパクトを与えた。東京ガスも韓国ガス公社との共同調達を開始し、東北電力との提携による共同調達も視野に入れている。

　大手同士の共同調達は日本の天然ガス調達の効率性を押し上げる。卸市場などを通じて調達価格の低下が伝播すれば、天然ガス火力の収益性は向上する。世界的にも天然ガス火力は二酸化炭素の排出削減の手段として肯定されているから、コスト構造の改善が進めば事業機会は拡大する。

　一方、ドイツでは再生可能エネルギー増加のあおりを受けて、火力発電の稼働率が低下し、収益が苦しくなっている。再生可能エネルギー由来の発電は優先的に給電することが認められ、季節や時間帯による需要変動などお構いなしに発電するため、エネルギーミックスのバランスを大幅に超過する供給力が発生することがある。その分だけ火力発電の稼働率が圧縮され、天然ガス火力だけでなく発電コストの低い石炭火力の収益性まで低下している。大型の火力発電だけでなく、地域に密着して効率的に電熱を供給しているシュタットベルケが保有するコージェネレーションも稼働を低下させる結果となった。日本でも再生可能エネルギーの導入拡大は、火力発電の大きなリスクになり得る。

再生可能エネルギーの調整負担の扱いが鍵

　電力の変動調整をどこまで発電側に求めるかで、再生可能エネルギーの導入量と火力発電の稼働が変わってくる。固定価格買取制度では再生可能エネルギーの優先給電が実質的に認められてきたが、メガソーラーバブルが問題になったことを受け、今後は再生可能エネルギーにも変動

調整の負担を求める動きが出てくるだろう。そうなると再生可能エネルギーはこれまでのようなペースで増加できなくなる。

再生可能エネルギーの変動調整には、火力発電の他に、蓄電池、水素、送電網の制御システムなどが用いられることになるが、火力発電の経済性と信頼性が相対的に高いため、火力発電の有効活用の議論が出てくるだろう。再生可能エネルギーが発電できない場合のバックアップとしての意味もあるため、稼働が落ち経済性が低くなったとしても、火力発電を維持するための政策も講じられよう。ただし、そのためのインセンティブづくりはこれからの課題だ。

エネルギーミックスの中で火力発電の役割がどのように位置づけられるかで、事業としての可能性は大きく変わってくる。

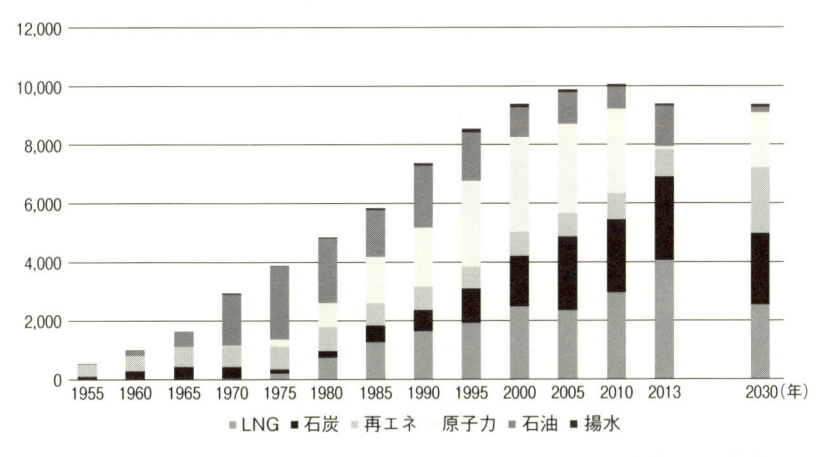

図表 3-8　発電量の推移

■ LNG　■ 石炭　■ 再エネ　■ 原子力　■ 石油　■ 揚水

注：2030年の数値は2013年の発電量全体にエネルギーミックスで想定される割合（再エネ24%、原子力20%のケース）を乗じることで算出、再エネは、一般水力と新エネなどを足したもの。

(出典：資源エネルギー庁資料)

9 維持・改修が必須の大型水力発電

> **ポイント**
> ・大型水力発電はエネルギーミックスの実現に不可欠の電源
> ・一方、水力発電ダムは堆砂などの問題で寿命が懸念される
> ・改修、運営の改善で長寿命化を

◆ エネルギーミックス達成に不可欠な大型水力発電

　2030年のエネルギーミックスの再生可能エネルギー23～24%のうち9%を占めるのが大型水力発電である。現段階でも、再生可能エネルギー14%の内の3分の2は大型水力発電だ。大型水力発電には再生可能エネルギーの中核的な電源であるだけでなく、需給調整のための変動対応力の高さなどの特長もある。発電規模、変動対応力、低炭素、燃料の価格変動リスクのなさ、を併せ持つ唯一の電源が大型水力である。今後も、これらの機能を併せ持つ電源が登場することは考えられない。大型水力発電の維持は、エネルギーミックスを達成するための不可欠な条件と言っていい。

　電力会社は高度経済成長期に、増大する電力需要に応えるために大型水力発電用ダムの建設に力を入れた。それによって電力はエネルギーとしての確固たる地位を築いた。大型水力発電所用のダムが最も多く建設されたのは1950～60年代であり、それ以降は原子力発電などの調整電源として揚水発電所の建設が中心となった。

　大型水力発電所は、上流に建設されたダムと、下流に建設された水力発電所から成り、水力発電所にはペンストック（高圧配水管）を通してダムから高圧水が大量に導水される。発電用に使われているダムの多くはアーチ式、重力式と呼ばれる、大規模なコンクリート構造物である。ペンストックと水力発電所は鉄構造物と発電機械で構成され、ダム本体

とは別に建設される。発電施設やペンストックの建設にも多額の費用が掛かるが、水力発電所の建設費の多くを占めるのはダムの建設費だ。

寿命が懸念される大型ダム

　大型水力発電を維持する上で問題になるのはダムの寿命である。発電施設とペンストックにはアクセス道路もあり、基本的に発電を止めれば更新は可能である。一方、ダム本体の更新は容易ではない。コンクリート構造物の寿命は50年とも100年とも言われるが、実際にはより長期の利用が可能だ。アメリカではニューディール政策で1930年代に建設されたダムがいまだに使用されている。その意味で、2030年のエネルギーミックスまでは、日本の大型水力発電は利用可能と考えていい。しかし、本格的な低炭素化を目指した2050年、あるいはそれ以降に向けては、稼働年数が100年を超えるダムが続出するためダム本体の寿命が問題となる可能性もある。

　ダム本体の寿命以上に問題なのは堆砂である。ダムには周辺の山などから日々土砂が流れ込む。長い期間土砂が流れ込むとダムが埋まって貯水機能が失われてしまう。実際、日本には土砂に埋まりつつあるダムがいくつもある。

　大型水力発電所を効率的に建設するためには、急峻な山岳地帯の狭い渓谷を塞ぐようにダムを建設することが必要だ。水力発電の規模はダムの高さと放流の量によって決まり、ダムの建設費はダムの幅が広くなるほど大きくなるからだ。高度経済成長時代、電力会社は効率的にダムを建設できる立地を求めて大規模水力発電所を建設した。その結果、海外のダムに比べると、日本のダムは、ダムの高さに対する貯水量が小さい。それだけ急峻な山に囲まれ、土砂の受け皿が小さいことになる。日本の大型水力発電所は海外に比べて堆砂のリスクが高いと考えられる。したがって、日本の水力発電所の寿命は日本独自の事情を踏まえた上で考えなくてはならない。

　ダムに堆積した大量の砂をショベルカーやトラックのような土木作業で撤去することは困難だ。発電用のダムでは取水口さえ確保されれば発

第3章　今後の取り組みで評価が分かれるビジネス

電は続けられるため、当面は取水口に土砂が流れ込まないようにすることで堆砂問題に対処できるが、ダムの機能を長期に維持するための解決策にならない。これまで考えられてきたのは、ダムの水位を下げ、表層の流れで堆積した砂を下流に流す方法である。技術的には有効な方法だが、2つの課題がある。

1つは、ほとんどのダムには排砂設備が付いていないことだ。既存のダムの底部に排砂設備を取り付けるのは大掛かりな工事が必要となる。建設費、工事方法、ダムの強度の確保、排砂機能の確認、などの問題をクリアしないといけない。

もう1つは、排砂が下流の環境に影響を及ぼす可能性があることだ。ダムの底部にたまった堆積物には自然界に大量に存在しない物質が含まれているとされる上、一気に排砂すると下流の生態系に影響を及ぼす。先行して排砂を行った例では、吐き出されたヘドロが漁業被害を起こしたなどの指摘がある。社会的な課題も含めると、現状では、大量に堆積された土砂を処理するための明確な方法が確立されているとは言えない。

ただし、これまでの課題を解決するための方策を立て、関係機関などとの合意を形成し、経験を積み重ねれば、堆砂の除去と下流の環境の保全を上手くバランスさせる運用方法を開発できる可能性はある。

大型水力は「再生可能」か

大量にたまった土砂を排砂ができないと老朽化したダム本体の解体や再建設は難しい。以前は、大型水力発電は「再生が可能で持続的なエネルギー」とは見なされなかった。ダムが老朽化した場合の建て換えの難しさを考えてのことだ。持続可能性があるのは、ダムを作らない小水力発電という考えが主流であった。それが変わったのは、再生可能エネルギーが自然エネルギーにすり替えられてきたからだ。

しかし、上述したように、大規模水力発電なしに再生可能エネルギーの導入計画は成り立たない。それであれば、現状の水力発電の容量をいかに維持するかを考える必要がある。堆砂やダム本体の耐久性は立地に

よって様々だ。稼働100年を前に使えなくダムもあれば、そうでないダムもある。再生可能エネルギーとして大規模水力発電の容量を維持するためには、超長期の使用に耐えるダムの機能アップを図る必要がある。ダムをかさ上げし、水力発電の容量を増大するなどである。安全面での慎重な検討や周辺地域の合意を得るという、容易とは言えないプロセスが必要になる。しかし、新たな大型ダムの建設が難しく、使用に耐えなくなるダムが出現するリスクがあるなら避けて通れない道でもある。

2030年およびより長期に向けたエネルギーミックスは、各電源や系統運営の長期的なリスクを十分に踏まえていない面がある。大型水力や原子力発電に関する懸念もその1つだ。対策を講じなければ、エネルギーミックスの達成が危ぶまれるだけでなく、関連産業を衰退させることにもなる。逆に、長期的な視点から対策を講じれば、関連業界には新たな事業機会が生まれる。

大型ダムを維持する方策が見えていないのは日本だけではない。長期的な課題を克服する方策を見いだせば、大型水力の関連産業が海外で事業を手にする機会も増える。政策が大きな影響を持つ分野と言える。

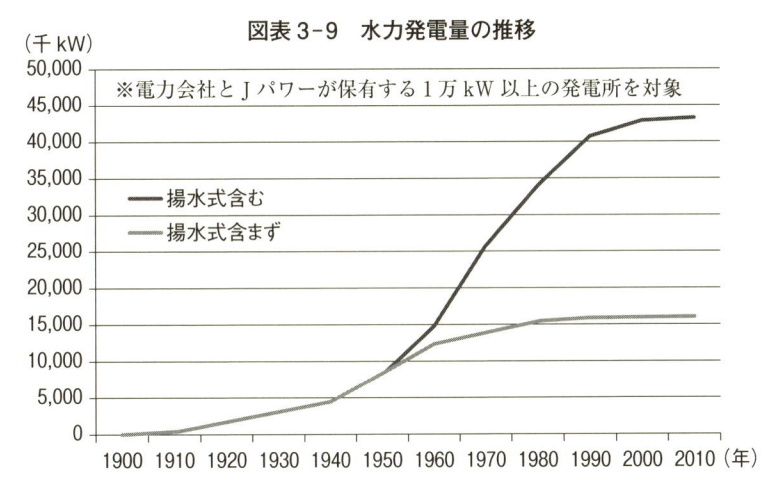

図表3-9　水力発電量の推移

※電力会社とJパワーが保有する1万kW以上の発電所を対象

凡例：揚水式含む／揚水式含まず

(出典：電力各社およびJパワー・電力土木技術協会水力発電データベース各HPより著者が作成)

コラム 民の恣意が生む政策のブレ

　エネルギービジネスの将来を占うためには、技術に対する洞察が欠かせないことは前章コラムで述べたとおりです。しかし、技術の将来を予測するのは容易ではありません。例えば、10年くらい前、エコカーが百花繚乱だった頃、ハイブリッド車、クリーンディーゼル、バイオ燃料車、天然ガス車などの現状を正確に予測できた訳ではありません。同じように、10年後、電気自動車、燃料電池自動車、プラグインハイブリッド車の位置づけを予測するのは容易なことではありません。

　こうした技術動向の見込みのズレはエネルギー分野に限ったことではないですし、仕方のない面もあります。問題なのは政策面でのブレが市場に影響を与えることです。例えば、固定価格買取制度の迷走は民間企業の事業戦略に大きな影を残しました。

　政策面のズレというと官僚の政策立案能力を批判する人が多いかも知れませんが、実態はそうとも言えません。産業界や政治からの声が政策をブレさせる大きな原因であると思うからです。固定価格買取制度でも、買取価格や集中導入期間の設定などについて、民間企業や政治サイドの声が影響したと考えられます。また、政策には特定の産業などの意向が反映されることが少なくありません。それを看過して、官僚の政策立案能力に責任を押し付けている間は、エネルギー政策のブレは小さくならないでしょう。

　歴史的に見ると、こうした政策のブレの原因の1つとして行政改革が上げられるように思います。行政改革によって、有識者や民間企業の声が多く反映するようになったからです。そのことの効果もありますが、副作用もありました。副作用を防ぐには2つの方法があります。1つは、官僚の判断権をかつてのように高めることです。もう1つは、多くの意見を取り込む際のルートなどを透明にすることです。エネルギーのように、政策の影響が強い分野では、意思決定の仕組みを再考するのは重要なテーマだと思います。

パート II

成功のための事業戦略

第4章

事業を左右する5大要素

1 自由化政策

> **ポイント**
> ・送電網は誰もが広域で自由に使える公道になる
> ・市場監視等の機能は長期的な維持が課題
> ・小売の競争市場は制度より実態が鍵
> ・発送電分離により電力会社は成長指向になる
> ・再生可能エネルギー政策が自由化の障害になる

公道化する送電網

　東日本大震災を契機に、日本では半世紀ぶりとも、最初で最後とも言われる電力自由化の政策が推進中である。第一弾として、2015年4月に送電網の広域的運営機関が設立され電力会社の垣根を超えた送電線の運用が始まった。第二弾は、2015年末に成立された電力取引等監視委員会の設立、そして、第三弾が2016年4月から始まる電力小売の全面自由化である。さらに、2020年には自由化の総仕上げとも言える発送電分離が行われる。まずは、こうした施策の将来を考えてみよう。

　広域的運用機関は電源の広域的な運用に必要な送配電網の整備の推進、全国大での平常時・緊急時の需給調整機能の強化を目的としている。一方で、広域的運用機関が設立される前にも電力会社による送電運用の協議・調整の場はあった。広域的運用機関と従来の仕組みの大きな違いは3つある。

　1つ目は目的の違いだ。従来は協議と言っても、あくまで電力各社が各々の管轄で独占体制の下で供給責任を負うことを前提に電力の相互融通などのための協議を行っていた。そこでは、各々の権益と供給の安定性が第一義とされる。

　2つ目は体制である。従来は電力会社だけの協議の場だったが、今回は様々な団体が加入しているので、電力会社だけの意見による運営は難

しくなる。

3つ目は供給についての役割も担っていることだ。供給力が不足した場合は、焚き増しや電力融通を指示し需給調整を図る。

4つ目は広域的な視野での送電線の増強を目的としていることだ。東西を結ぶ周波数変換設備、地域間連系線などが対象となる。

こうした違いから、電力会社の意向に沿った従来型の運営に戻ることは考えにくい。地域間連系線などが整備されれば、ハードウェアの面からも従来型の運営には戻りにくくなる。

自由化を支える市場監視機能

電力取引等監視委員会は国家行政組織法第八条に基づく組織であり、省庁から独立した強力な発言権を持つ。法律に基づく権限であるから委員会が意志を持って活動している限り、市場監視の機能は発揮される。送電線の中立的な運用、小売市場での公正な競争、持ち株会社の下での送電会社、発電会社の独立した運営、等が自由化当初の目的どおり行われるために欠かせない機能だ。ただし、長期的に見ると懸念すべき点がない訳でない。

広域的運営機関についても言えることだが、この手の組織が機能にするために重要なのは委員の選定である。特定の団体や省庁に懐柔されるような委員が運営すれば、組織としての機能は骨抜きになる。設立当初は政策分野で名高い委員が選出されたが、中長期的に政策や特定団体の影響を受けないとは言い切れない。制度的に独立した権限を持っている委員会でも、人事については政治が決定力を持っているからだ。

東日本大震災前、電力会社は政治家、省庁、経済界に対して強い影響力を持っていた。福島第一原子力発電所の事故で、電力業界の中心にいた東京電力が国家管理となり、こうした影響力の復活はないという指摘もある。しかし、自由化が進めば企業の統合によって、独占体制時代以上に強力な電力会社が出現するという指摘も少なくない。その時、各界への影響力が復活しないという保証はない。そうならないための監視機能の維持は最終的に国民の目に委ねられている。

制度と実態がかい離する小売り自由化

　小売全面自由化は間違いなく実行されるが、どれだけ本格的な競争が実現するかは見えていない。電力会社が原子力、大型水力、石炭火力、高効率の大型 LNG 火力、というコスト競争力の高い電源のほとんどを保有し、燃料調達でも優位に立つ中で他の事業者が競争し続けるのは難しい。先行する海外では自由化によって市場はむしろ寡占化している。取引市場に電力会社の電力を供給させる案もあるが、発電収入のほとんどを電力会社が握るという構造は変わらない。制度はあくまで競争維持のための環境であり、制度ができたことをもって本格的な競争が実現するとは言えない。また、自由化を行い、電力会社がある程度コストを下げ、サービスを向上した時、電力会社の寡占構造にメスを入れるという政策的なモチベーションをどのように作るかも見えない。

発送電分離が生む成長指向

　電力会社が最後まで抵抗した発送電分離だが、現在では所定の路線として受け入れられる方向にあるように見える。そのために重要な役割を果たしたのが自由化に先行した東京電力の改革である。東京電力は2016年に持ち株会社下に送電会社、発電・燃料調達会社、小売会社を配した体制に移行する。

　既に、東京電力では持ち株会社の下で各カンパニーが独自の方向性を持った経営が始まっている。小売会社は携帯電話会社やガス会社などと積極的に提携を広げ、域外にも展開を始めている。発電・燃料調達会社についても中部電力との提携、海外展開などを積極的な動きが見て取れる。こうした動きが進めば、送電網の範囲内の独占性にこだわることの経営的な意義は薄れていく。持ち株会社経営は電力会社自身をくびきから解き放ち成長意欲を喚起することになっていくのだ。その流れを業界の盟主である東京電力が作ったことは大きい。独占にこだわっていれば、国内の電力需要の減退で苦しんだだろうから、民間企業として地域独占に戻ることはないはずだ。

自由化の新たな懸念としての再生可能エネルギー

　このように見えると、自由化に向けた政策は着実に進んでいくものと考えられる。問題は実態としての競争市場がどこまで実現するかにある。

　一方、自由化市場については新たな懸念も生まれている。再生可能エネルギー政策である。ドイツでは自由化により8社あった大手電力会社が4社に統合されるなど競争市場が生まれた。注目すべきは4社のシェアが従来型の電源では8割程度あるのに、電力供給全体では半分を切っていることだ。固定価格買取制度の下で再生可能エネルギー由来の電力を多くの事業者が供給しているからだ。こうした構造で問題になるのは、固定価格買取制度による再生可能エネルギー由来の発電事業が官製市場であることだ。

　再生可能エネルギー由来の電力は長期間買取価格が保証され、優先的に送電線に接続される。独占時代の電力会社よりはるかに制度に守られた事業なのである。こうした事業が地球温暖化対策のために各国で急増していく。一方で、価格競争を強いられ、再生可能エネルギーの変動調整の役を担わされる火力発電の収益性はどんどん悪化することになる。RWEやe-ONのような大手電力会社ですら火力発電を切り離し、再生可能エネルギーに重心を移そうとしている。それは、大手企業ですら自由競争から官製市場に収益源を移そうという姿勢に他ならない。安定した収益を求める民間企業として当然の選択と言える。

　何もしなければ、日本でも将来同じような事態が十分に起こり得る。それを防ぐためには2つの方法が考えられる。1つは、火力などの調整側も計画的な運営ができるように支援する枠組みを作ることだ。こうなると実質的に市場全体が政策によって支えられるようになる。そこで、もう1つの市場の自由度を維持するためには、再生可能エネルギーに価格競争、送電線への接続条件などを課す、という選択肢の重要性が浮かび上がる。ただし、再生可能エネルギー事業者にとって厳しい選択になる。

2 国内外の需給動向

> **ポイント**
> ・国内需要は減退傾向
> ・3つの特殊要因が重なって国内では過大な電力投資
> ・海外を見れば新興国を中心に旺盛な電力需要
> ・電源整備の考え方は国内と新興国で異なる

◆ 減退続く国内需要

　事業の将来動向を考えるに当たって、政策以上に押さえておかなくてはならないのは需給動向である。どんなビジネスでも、需要が旺盛であれば多少荒っぽい投資戦略でも回収が可能になることがある。逆に、需要が減退する場合には、競争相手の顧客を奪い取らない限り投資回収はできなくなるので、慎重な戦略が必須となる。

　国内の電力需要を見ると、産業分野での需要は東日本大震災後、政権が変わり景気が回復しても伸びていない。震災後の電力供給不安の下で行った省エネが定着したと見ていい。企業は一度始めたコスト削減策を余程のことがない限り撤回はしないから、今後も省エネ傾向が続くと考えられる。また、企業は過去最高益を出しても海外を主たる投資先としているから産業分野の需要は伸びない。

　業務・商業については景気回復で旺盛なビル建設が行われているが、ビルの省エネ効果の伸びも顕著だ。清水建設が建設した本社ビルは完成段階で従来ビルの半分、完成後の運営改善を含めると6割ものエネルギー削減を実現したとされる。他の大手ゼネコンもZEB（Zero Energy Building）を目指した省エネビルを売り物にしている。核家族化などにより需要が伸びていた住宅系についても需要の増加要因は一巡し、今後はむしろ家電の省エネ化の効果が表れてくるはずだ。電気自動車のような増加要因もあるが、電力需要を押し上げるほどの伸びは期待できない。

こうして見ると、国内の電力需要が減退傾向にあるのは間違いない。日本総合研究所が行った試算によると、従来の省エネトレンドを前提とした場合でも2030年には2010年対比で10%近く、積極的な省エネを行えば15%程度電力需要が減ると予想されている。COP21で積極的な二酸化炭素排出削減の合意がなされたことを考えると、10%を超える需要の減少を予想するのが現実的に見える。

● 過剰投資が続いた供給サイド

こうした需要減少の傾向がありながら、東日本大震災後は高度経済成長時代のような積極的な発電投資が行われた。東日本大震災後、ひっ迫したとはいえ大規模な停電は起きなかったから、これ以降積み増された発電投資の多くは発電設備の稼働率を低下させる原因となる。

原子力発電は多くの反対があったが九州電力川内原子力発電所が2015年7月に再稼働を果たし、関西電力高浜原子力発電所3、4号機も福井地裁の仮処分により停止していたが2015年末の処分撤回で再稼働を果たした。この後も再稼働の承認待ち、審査中の原発が続く。2020年までに約2,000万kW程度の原子力発電所が再稼働を果たすだろう。

再生可能エネルギーについては、メガソーラーバブルにより太陽光発電が約8,000万kWも認可された。他の再生可能エネルギーも今後着実に積み重ねられる。再生可能エネルギーは稼働率が低いため割り引いて評価しなくてはならないが、従来電源に置き換えて2,000～3,000万kW分程度が積み増される。

この他にも、自由化時代の競争力強化のために建設される石炭火力、新規参入者が建設するLNG火力、工場がエネルギー自立化のために整備する自家発電、スマートシティでの自家発電、などを合わせると、やはり2,000万kW以上の積み増しが見込める。原子力発電所、再生可能エネルギーと合わせると東京電力並みの供給力が積み増されることになる。

一方、需要サイドではエネルギーマネジメントシステムやデマンドレスポンスサービスなどによって需要ピークが下がる傾向にあるため、電源の稼働率は上がる傾向にある。

第4章　事業を左右する5大要素

過剰投資を招いた3大要因

　発電事業は投資回収に長期を要するため、将来需要が堅調ないしは旺盛に見込める場合に行うのが一般的だ。にもかかわらず、需要が減退する日本でこれほどの過剰投資が行われたのは、以下に示す3つの要因があったからだ。

　1つ目は、固定価格買取制度だ。制度施行後、多くの企業が再エネ由来の発電事業に積極的に投資しているのは、環境志向ではなく、高値の買取単価と長期間電力の買取の保証があるからだ。

　2つ目は、自由化の中での競争を勝ち抜くために、市場全体でのバランスはさておき、当面の競争に向けて、個々の企業がコスト競争力の高い電源に投資したからである。

　3つ目は、原子力発電所の停止による短期的な供給不足が冷静に評価されなかったことだ。中には、「脱原発」、という「あるべき論」で行われた投資もあるのではないか。

　いずれも、エネルギーの歴史の中で半世紀、あるいは百年に一度あるかないかの出来事だ。それが同時に起こり、拍車が掛かったのが東日本大震災後の日本のエネルギー市場なのである。投資回収に巨額の資金と長期の回収を要する発電所への投資は本来慎重であるべきだ。それが、需要減退下にありながら、一時のムードで過剰に投資された異常事態のツケは必ず顕在化する。負担を負うのは、需要家か事業者か投資家しかない。原子力発電所の再稼働が実現し、一部にはこうした事態に気づき始めている事業者も出ている。

旺盛な需要続く海外市場

　国内で、需要減退下での旺盛な投資、という事態が進む一方、海外に目を転じると新興国を中心に電力の需要は旺盛だ。特に、堅調な経済成長が見込まれる東アジア、南アジアなどには膨大な電力需要がある。IEAは東南アジアの2011年〜2035年の増加量は現在のインドの電力需要を上回るとしている。

需要が伸びる市場では供給過多の日本市場とは違った風景が見えて来る。まず、需要が旺盛な国と供給が過剰気味な国では発電投資の採算性が変わってくる。需要が旺盛な方が高い稼働率を見込めるし、投資を促すために、高めの投資回収率を許容する環境もある。電源の選択の違いもある。先進国では石炭火力に対する風当たりが強まっているが、世界的に見れば石炭火力を抜きにした電力供給は考えられない。上述したように、東南アジアでは電力需要が拡大する結果、石炭が発電に占める割合は現在の３分の１以下から半分程度に増加するという。環境性よりも安定した電力供給を優先する国が、まだまだ世界にはたくさんある。先進国でのトレンドだけに目を奪われると、需要の旺盛な新興国の市場のニーズとかい離する可能性もある。

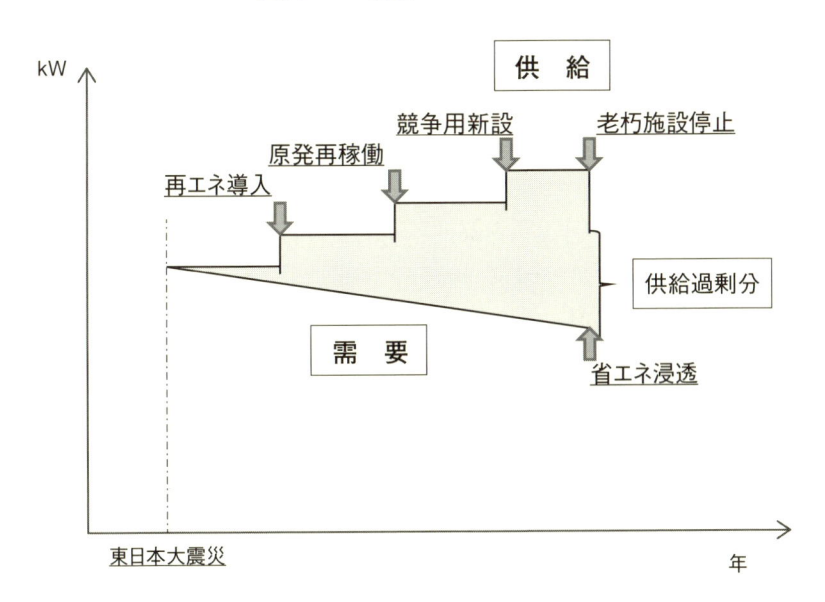

図表4-2　需給バランスの推移

3 再生可能エネルギー政策

> **ポイント**
> ・地球温暖化と資源枯渇対策に再エネ普及拡大は必須
> ・海外と比べて割高な日本の再エネ
> ・顕在化避けられない固定価格制度の国民負担問題
> ・固定価格買取制度より補助制度か

2050年問題と2100年問題

　最近では、電源の選択に当たって地球温暖化対策が話題になることが多い。その際、先進国では2050年が長期の目標年度とされる。今世紀後半に二酸化炭素の排出量を限りなくゼロにするための重要なマイルストーンであるからだ。しかし、元来再生可能エネルギー政策にはもう1つの重要な期待があった。化石燃料の枯渇である。シェールガス・オイルなどの新たな資源開発で、化石燃料資源の可採年数は伸びている。しかし、次世紀になっても化石燃料が潤沢に使えると考える人は多くあるまい。また、石油化学製品など化石資源はエネルギー以外でも重要な役割を担っているので、エネルギーだけで枯渇させてしまう訳にはいかない。今世紀末辺りになると、化石資源をいかに持続させるか、という議論が再び注目されるに違いない。

　地球環境、化石資源の持続性といった重大問題に対処させるためにも再生可能エネルギーの普及は重要な課題である。先進国の間で気候変動枠組条約が締結されたのは1992年だが、1990年代、2000年代、2010年代と、各国の政策や国際的議論における再生可能エネルギーの位置づけは確実に高まってきた。また、各国の政策投資や関連企業の努力、あるいは再生可能エネルギーのコストを受け入れてきた需要家の努力により、経済性も飛躍的に高まった。2010年代になって、再生可能エネルギーが従来電源と経済的に比肩するグリッドパリティも視野に入ってき

たように見える。

コスト負担問題

　日本では水力発電を含めた再生可能エネルギーの比率は13％程度だが、2030年に向けたエネルギーミックスでは、これが24％まで引き上げられる。この中には9％程度の水力発電が含まれているので、それ以外の再生可能エネルギーの割合は3倍強になる。需要が減退する日本のエネルギー市場では滅多にない成長市場である。

　再生可能エネルギーの比率を高めることに反対する人はいないが課題もある。最大の課題はコスト負担だ。日本でも固定価格買取制度による賦課金の負担は平均的な家庭で1,000円程度になるとされる。ゆとりのある戸建て住宅の夏期冬期では3,000円程度になることも考えられる。

　以下に示す4つの理由で、日本ではドイツより再生可能エネルギー導入の負担が大きくなる可能性がある。国民負担を甘く見た政策運営は早晩行き詰まるから、早目の対策が必要になる。

　1つ目は、大陸と日本の風況の差だ。一般に、日本に比べて大陸は風況が安定しているため、風力発電の稼働率が高い。世界的な再生可能エネルギーのシェアから考えて、風力発電の効率性の差は国民負担に影響を与える。

　2つ目は、建設コストだ。日本は山地が多い上、地震の影響を考えなくてはならないため、再生可能エネルギーの種類に限らず、海外に比べて建設費が高くなる。再生可能エネルギー由来の電力は、燃料を使わない分だけ建設コストが負担額を押し上げる傾向が強くなる。

　3つ目は、事業者寄りの買取価格の設定だ。日本の固定価格買取制度の買取単価は事業者の事情を勘案し過ぎた。最近ではかなり改善されたが、制度施行当初のメガソーラーバブルのツケは長期間にわたり需要家の負担となる。

　4つ目は、調整コストだ。再生可能エネルギーのコストは出成りのkWhの単価だけで評価できない。気ままな変動を調整するための送電線の制御機能の強化、蓄電池の設置、火力発電の稼働率低下、なども再

生可能エネルギー導入に伴うコストだ。こうしたコストは結局電力の価格に反映される。日本はドイツに比べて2つの観点から変動調整のコストが高くなる。1つは、上述したように風力発電の変動が大きい上、バイオエネルギーのような安定した電源の整備が遅れていることだ。もう1つは、ドイツのように周辺国に変動吸収を期待することができないからだ。

固定価格買取制度は国民負担に耐えられるか

　今は、そもそも賦課金が課されていることを知らない需要家も少なくない上、賦課金の額も小さいのでコスト問題は顕在化していない。メディアや国民の関心も自由化で電気代がどうなるかに向いている。しかし、国民は、本来事業者によって電気代に大きな差が出るはずがないことを早晩理解する。自由化の恩恵の一つは、消費者にこれまでとは比べものにならないくらい多彩な情報が普及することだ。そして、電気代の低下に対する過度の期待が覚めた時、国民は自由化による電気代低下の恩恵より、固定価格買取制度による賦課金の負担の方が大きくなることに気が付くだろう。

　メガソーラーバブルへの批判が高まった時、速やかに買取単価の大幅な値下げに踏み切ったように、固定価格買取制度の運営サイドは国民の批判に敏感だ。消費税では低所得者対策が議論されたが、固定価格買取制度では、例えば、地方で大きな戸建住宅に住みながら所得が低い人の方が、都心の高級マンションに住む高所得者より賦課金の負担が重くなる可能性が相当にある。電気料金という税金と同じくらい免れ難い支出にもかかわらず、国民負担の問題が十分に議論されず、一時の勢いで施行されてしまったのが固定価格買取制度なのである。

　遅かれ早かれ、負担は高まり、負担の額が多くの国民の知るところとなり、批判の声が出ることは避けられない。その時に備えて、消費税の議論と同じくらい、慎重で丁寧な国民への説明ができるかどうかが制度の継続に影響する。ただし、いかにうまく説明しても、制度導入当初のメガソーラーバブルによる過大な国民負担を払拭することはできない。

3 再生可能エネルギー政策

再エネ支援策は減速しない

しかし、仮に、負担の重さや制度の運営上の問題点などから固定価格買取制度を縮小ないしは停止せざるを得ない状況になったとしても、再生可能エネルギーの支援制度がなくなる訳ではない。再生可能エネルギーを中心としたエネルギーシステムの構築は東日本大震災以来の国民の声である上、日本は国際社会に対して二酸化炭素の大幅な排出削減を約束しているからだ。

固定価格買取制度が縮小し、二酸化炭素退出削減策が加速される場合、再エネ設備に対する補助制度に重心が移ることになろう。これまでの経緯を見れば、国民負担の構造、熱と電気あるいは系統接続と自家利用のイコールフィッティング、事業モデルのバラエティ、バブルによる一部の事業者に偏った利益配分などのモラルダウンの管理、適切な事業者の育成、などの面から、固定価格買取制度より補助金制度等の方が優れているように見える。

図表 4-3 再エネ施策を取り巻く状況

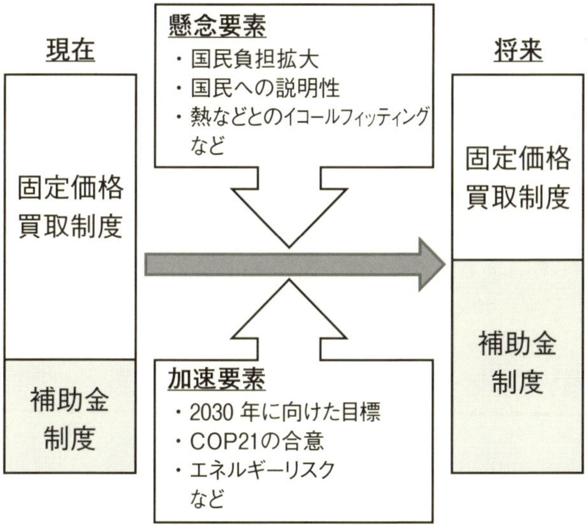

懸念要素
・国民負担拡大
・国民への説明性
・熱などとのイコールフィッティング
など

加速要素
・2030 年に向けた目標
・COP21の合意
・エネルギーリスク
など

現在：固定価格買取制度／補助金制度

将来：固定価格買取制度／補助金制度

4 地球温暖化に関する国際議論

> **ポイント**
> ・COP21 で合意されたパリ協定の内容は画期的
> ・日本も京都議定書を上回るレベルの目標を表明
> ・米国、中国の参加で地球温暖化の議論の重心は太平洋にシフト
> ・化石燃料価格の低落は再エネ導入にとって逆風

画期的だった COP21

2015 年の 11 月から 12 月にかけてパリで開催された COP21 (気候変動枠組条約第 21 回締結国会議、the Conference of Parties) は画期的な成果を上げることができた。最大の成果は、これまで温室効果ガスの排出削減の国際的な議論の枠組みから一線を画していたアメリカと中国が参加したこと、先進国と対立していた途上国が参加したことだ。その結果、欧州諸国、日本、アメリカ、中国を含む 200 カ国近くが温室効果ガスの削減に向けた取り組みに合意することとなった。そして、ほぼ全世界をカバーする国々による合意の内容がパリ協定として明記された。地球温暖化対策に関する国際的な議論は今後も続くが、パリ協定は重要なマイルストーンとして後世に名を残すことになろう。

パリ協定に記された目標のレベルは高い。まず、今世紀後半に温室効果ガスの排出源と吸収源の均衡を達成する(産業活動などから排出される二酸化炭素の量を森林・土壌・海洋が吸収できるレベルまで減らす)との認識が共有された。地球の気温上昇についても、人類が負うリスクを最小限にとどめるとされる 2℃ の上昇よりかなり低く抑え、1.5℃ 未満に抑えることにも取り組むことが確認された。気温上昇を 2℃ 以内に抑える対策を講じると、経済活動への影響も大きくなるため、2.5℃、3℃ 以内が現実的ではないかとの指摘もあったが、そうした声に釘を刺した合意と言える。

また、長年続いていた先進国と途上国の溝を埋めるために、2020年までに先進国が途上国に対して気候変動対策のための1,000億ドルを支援することも合意された。途上国での二酸化炭素排出削減のために毎年兆円単位の資金が拠出されることになる。

　今後、各国は合意に基づいて排出削減目標を定め、実現のための政策を講じることになる。パリ協定の課題は、目標の設定が各国に委ねられ、達成に法的な拘束力が課されないことだ。京都議定書が拘束力を持たせたために参加国を減らしたことを踏まえた措置だ。拘束力の弱さを補うために、5年ごとに各国の政策の進展度合いを点検することも盛り込まれた。

京都議定書を超える日本の取り組み

　地球温暖化の国際議論は日本のエネルギー政策にも大きな影響を与える。日本はCOP21に先立ち、2030年度までに2013年度対比で26％二酸化炭素の排出を削減（2005年度対比では−25.4％）することを表明している。この目標を達成するために、中央環境審議会・産業構造審議会合同会を中心に地球温暖化対策計画を検討し、政府は先進的な対策を盛り込んだ政府実行計画を策定する。また、「エネルギー・環境イノベーション戦略」を取りまとめ、二酸化炭素削減のための革新的技術について集中的に開発を進めるべき有望分野を特定し、官民を挙げた研究開発の強化を図る。途上国支援についても、2020年には官民合わせて、現状の1.3倍に当たる年間1兆3,000億円（現在1.3倍）の気候変動関連事業を行うとしている。

　日本としては京都議定書の削減目標を上回る厳しい目標だが、COP21で合意された目標を達成するためには十分とは言えない。COP21以降の国際的な議論の場で存在感を出していくためには、より高い目標に向けたチャレンジが必要になる。その際、政治・経済的なもくろみも含めた駆け引きに翻弄されることなく、日本の強みを生かし国際的な貢献を果たしていくという姿勢が必要だ。そうした意味では、二酸化炭素削減のためのイノベーションが重視されたことに期待したい。COP21で合

意された目標を達成するためには、二酸化炭素削減のための技術のレベルが根本的に不足しているからだ。

米国と中国の参加で変わるパワーバランス

　ここまでCOP21の成果と期待について述べたが、パリ協定が効果を発揮するためには多くの課題がある。最も大きいのは、今世紀後半に二酸化炭素の排出と吸収をバランスさせるための社会、経済、あるいはエネルギーシステムの本質的な転換に対する合意をどのように形成していくかである。その過程では、既得権を持つ国や企業が負担を負うことが避けられない。各国は国際的な合意を背負って、国内で既得権層との合意を形成するための厳しい議論に挑まなくてはならない。そこで、最も大きな反発が予想されるのが、他でもない、パリ協定への参加が大きな成果とされた米国と中国だ。

　米国は国内に温室効果ガス削減に反対する勢力がある。経済的な負担を強いてまで、再生可能エネルギーの導入や省エネを進めるという政策が通りにくい構造がある。中国は環境政策によって経済に負担がかかり経済成長が減速し国民の不満が高まることを恐れる。特に、数年前までの高度成長から新常態と呼ばれる中成長時代に移行した昨今では、経済の押し下げ要因を作ることには慎重だ。

　こう考えると、5年ごとの見直しが温室効果ガスの削減強化に働くのか、活動の停滞に働くのか読みきれないところがある。中国と米国が穏当な目標を掲げたり、目標を先延ばししてもヨーロッパが主導権を握ることはできないだろう。2大排出大国が脱退すればパリ協定の意義がなくなってしまうからだ。また、最近の欧州各国の姿勢を見ても、欧州に中国、米国を押し切るだけの国際政治力は期待できない。こうして、中国、米国の参加は、温室効果ガス削減の国際議論のパワーバランスを欧州から太平洋にシフトすることにつながる。ドイツなどが意欲的な目標を表明し、チャレンジングな気温上昇抑制を掲げたからといって、米国や中国がすぐに追随する訳ではない。

化石燃料価格低落が地球温暖化の議論を減速させる

地球温暖化の国際議論について、もう1つ懸念されるのは化石燃料価格の急激な低下だ。2000年代から2010年代にかけて再生可能エネルギーの導入量が大幅に増えた背景には化石燃料価格の大幅な上昇がある。2000年前後に20ドル／バレル程度だった原油価格は2010年代に100ドル／バレルを超え、再生可能エネルギーのコスト競争力が高まった。最近では化石燃料の価格は2000年頃に逆戻りし、火力発電のコスト競争力が回復している。その上、化石燃料価格を押し上げた中国の爆食が復活することはなく、シェール革命とOPECの影響力の低下で供給力は高止まり状態にある。当面の間、再生可能エネルギーの導入を押し上げた100ドル／バレル時代は再来せず、原油価格は50ドル／バレル以下で推移する。

化石燃料価格が低迷する中で一国が再生可能エネルギーを大量導入すれば、エネルギー価格が押し上げられて産業競争力が落ちてしまう。1992年に気候変動枠組条約が締結されて以降の歴史を見ても、再生可能エネルギー導入の力が経済競争力低下に対する懸念を打ち破ることはできない。ドイツでの2050年に向け再生可能エネルギーの比率を80%にまで高める、とする政策に産業界がどこまで付いていけるか注目される。

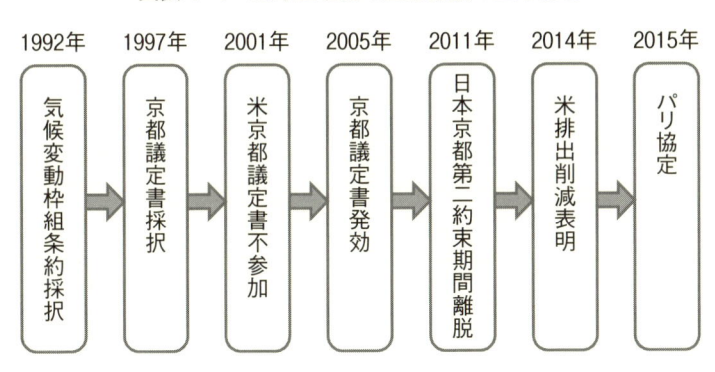

図表4-4　地球温暖化の国際協議の主な動き

1992年	1997年	2001年	2005年	2011年	2014年	2015年
気候変動枠組条約採択	京都議定書採択	米京都議定書不参加	京都議定書発効	日本京都第二約束期間離脱	米排出削減表明	パリ協定

5 技術開発の動向

> **ポイント**
> ・再エネ資源開発の焦点は太陽光
> ・待たれる燃料転換技術の革新
> ・IT革命を背景とした設備・機器・システムの共進化
> ・エネルギーでもダウンサイジングが進む

エネルギーの歴史は技術革新の歴史

　技術革新はエネルギー市場の将来に大きな影響力を持つ。過去の歴史を見ても、大型水力発電の技術が開発されたことが電力のエネルギーとしての地位を押し上げ、火力発電の技術が向上したことが需要サイドでの電化を進め、パネル製造技術の向上が太陽光発電を普及させた。電力の歴史は技術革新の歴史と言ってもいい。

　技術革新を上流側から見ていこう。資源については、深海や寒冷地での油田・ガス田の開発、シェール革命などで可採量が増加している。化石燃料が有限であることに変わりはないが、需要量が増えている割に資源枯渇の時期は先延ばしになっている。少なくとも現在働いている人が現役のうちに資源枯渇を理由とした市場の変革は起こらない。

　こうした化石資源に関わる技術革新以上に大きな進化を遂げたのは、言うまでもなく、再生可能エネルギーである。今世紀に入って再生可能エネルギーのコストは削減率の大きいものでは数分の1になった。本来、再生可能エネルギーについて最も注目すべきなのは賦存量の大きさだ。現在では風力発電が再生可能エネルギーの中心になっているが、再生可能エネルギーがエネルギーの中心になれるかどうかは太陽光に掛かっている。地球に降り注ぐ太陽光のエネルギーは人類が消費するエネルギーの一万倍にもなるとされるからだ。元を正せば風力やバイオエネルギーも太陽光のエネルギーが変換されたものだが、その変換効率は低い。

待たれる燃料転換技術

再生可能エネルギーについて技術革新が遅れているのは、用途の広い燃料への転換の技術である。固体、液体、気体いずれにおいても、形態が化石燃料に近いバイオエネルギーは化石燃料の歴史の中で築かれた燃料利用技術により、ほとんどのエネルギー消費の用途に供することができる。しかし、風力、太陽光については電気への転換しかできていない。これでは、世界中の自動車を動かすために莫大な量の電池が必要になるし、トラックなどの大型遠距離輸送のエネルギーにもならない。産業用に大量に使われている熱エネルギーを供給することもできない。発電と送電線を介した資源利用に頼っている限り、大量に賦存する再生可能エネルギーを使い尽くすことはできないのだ。

恐らく、再生可能エネルギーを利用が容易な形態にして、需要のある場所に運ぶための技術こそ、将来に向けた最も重要な技術フロンティアだ。世界中に豊富に賦存する太陽光のエネルギーを利用するためには、第3章で述べたとおり、様々な課題を抱えてはいるが、今のところ水素以外の方法は見つかっていない。ただし、開発途上であるから、まだまだ水素が正解と決め打ちできる段階にはない。

IT革命を背景とした設備・機器の進化

発電機の効率も劇的に改善している。大型のガスコンバインド発電の効率は60%に達している。ガスエンジンの効率も50%と、少し前の大型火力発電所のレベルに達している。次世代の発電技術である燃料電池は近年技術開発がブレークし、発電効率は既に55%に達し、将来は80%にも達するとの指摘がある。構造が単純なだけに、ひとたびブレークした燃料電池の技術は加速的に進化する可能性がある。その場合、発電システムの分散化が急速に進む可能性がある。さらに、水素が再生可能エネルギー資源の燃料転換技術として確立されると、燃料電池との組み合わせでエネルギーシステムを根本から変えることができる。

需要サイドに目を転じると、エネルギー消費機器の効率は日進月歩で

改善している。空調設備、家電、自動車など、エネルギーを消費するあらゆる設備・機器の効率が今世紀に入って大幅に向上している。いずれもモデルチェンジのたびに効率を上げており、エネルギー効率改善の流れは止まりそうもない。

　重要なことは、こうした需給両面の性能、効率の向上が2000年代になって加速していることだ。もちろん、それまでの技術開発の積み上げによる面もあるが、燃料電池の項で述べたように、ITの飛躍的な進化が多くの技術のレベルを押し上げた。ITによって分析能力、処理容量、センシングや通信の機能、などが同時並行的に向上し、製品開発のための設計、材料開発、加工の精度とスピードを上げた。ITの進化のスピードが衰えを見せないことを考えると、設備・機器の性能は予想を超えたスピードで理論的な限界値に近づいていくことになろう。

コストダウンと性能向上が並走する制御システム

　設備・機器の性能を押し上げたITは当然のように、エネルギーシステムの制御機能も向上させた。発電サイドでは発電機の緻密な制御が可能となり、需要サイドでもエネルギー消費機器の制御、需要の予測あるいは誘導が可能となった。

　最近、自動車の分野で高度制御、果ては自動運転の技術が急速に向上しているように、エネルギー分野でも設備・機器の制御が急速に進化する。あらゆるものにインターネットが接続する、IoT（Internet of Things）の世界がエネルギー分野でも現実になりつつあるのだ。携帯端末で実感しているように、制御システムの性能当たりのコストはハードウェアとは比べ物にならないスピードで改善されている。その分だけ、ハードウェアとの組み合わせ、改善のサイクルの回転数が上がり、IoTのレベルが上がる。

　自由化によってエネルギー分野に様々な業種の企業が参入することで、エネルギー分野より制御機能が進んだ分野の技術やノウハウが取り込まれる。結果として、エネルギーシステムの制御機能は、現在のエネルギー業界の常識を超えて進歩することになる。

二極化する技術進歩

　ただし、技術進歩のスピードは一様ではない。他分野との技術融通の可能性が高い分野と低い分野で技術開発のスピードに差が出てくるからだ。具体的には、供給サイドより需要サイド、大規模発電所より分散系の発電システム、の方が技術進化のスピードが速くなる、という現象が起こってくる。その現象は既に顕在化している。スマートハウス、ZEB、先進工場などでは、自律性の高い分散型のエネルギーシステムが導入され、エネルギー消費機器が高度に制御される事例が次々と登場している。こうした流れを見ると、エネルギー分野でも技術、システムのダウンサイジングが進み、分散型エネルギーシステムが一定のシェアを獲得することになろう。

　一方、大規模集中型のシステムは他分野との技術融通の機会が少ない上、大型の発電設備や送電線などハードウェアの製作の限界に拘束されるから、これまでのエネルギー分野のスピードの延長線上で進化することになる。

　これらの結果、今後、エネルギーシステムの技術動向を語るには、より広い知見と洞察力が必要になる。我々は、ITの進化を背景に、様々な分野の技術が融合する技術革新の時代にいる、という認識が必要だ。

図表 4-5　電力技術の革新状況

資源開発	設備技術	制御技術
・化石燃料の可採期限延長 ・再エネ技術の向上と限界 ・太陽光資源開発技術への期待	・大規模施設技術の進歩と限界 ・省エネ性能の着実な進歩 ・分散型技術の進歩	・発電、送配電制御技術の進化 ・需要サイドでの技術の進化と広がり ・IoTとしての発展

コラム 合成の誤謬を避ける

　電力需要が減退するにも関わらず大手電力会社が持つ発電容量並みの発電投資が行われていると指摘しました。個々の企業が競争力を高めるために投資したことが市場の需給バランスを崩す、という誤謬が生まれているのです。IT分野のように高い成長が期待できる分野では、あえて大きなリスクを取ってでも競争力を高めようとする経営判断が重要です。しかし、本書でも述べたとおり、日本の電力は、需要の伸びが見込めず、海外と送電線がつながれず、政策の影響を強く受ける、など制約の多い市場です。こうした市場では、積極果敢な投資が報われる可能性は低くなる傾向があります。電力市場では、IT分野のような果敢な投資以上に、政策や資源問題などに縁取られた市場の形を良く知ることが重要なのです。

　環境ビジネスには長い間関わってきました。その経験から、環境ビジネスには大きな可能性がある半面、経営判断を狂わせる情報が市場を舞っていると言えます。環境志向の強い人達は積極的な環境政策を働きかけ、情報発信もします。間違いなく正しい行動なのですが、そうした主張を真に受けたからといって、ビジネスとしての収益が保証される訳ではありません。

　一方で、環境分野には排ガス規制と自動車の燃費構造のように、政策と産業競争力が上手くかみ合った事例がいくつかあります。そこで、直面している再生可能エネルギーや省エネルギーのビジネスと政策の関係を過去の成功事例と比べてみるのもいいかも知れません。その際、今回だけは違う、と考えるのはよくありません。環境ビジネスでは過去に学ぶことが重要です。

　市場を取り巻く条件や歴史を勉強することが、電力市場で成功するためのポイントです。お堅い感じがするかも知れませんが、特徴を理解してポジションを固めれば、比較的安定したビジネスを営める可能性が、この市場にはあるのです。

パート **II**

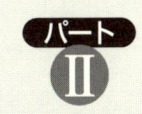

成功のための事業戦略

第 **5** 章

成功のための 10のポイント

1 政策通になる

● エネルギーに完全な自由市場はない

　エネルギービジネスを手掛けるに当たって、政策への知見を高めることは必須だ。自由化と言っても、エネルギービジネスは政策に縁どられた土俵での競争に過ぎないからだ。日本の電力の歴史を見ると、電力が普及始めた当初、多くの企業が参入し、複数の電線が顧客を取り合う、という過剰な競争が展開された。その後、企業の統合、国家統制、地域独占を経て、現在の自由化の時代がある。電力に限らず、水道もガスも完全な自由競争の下で整備されてきた国はない。自由競争だけに任せると非効率な重複投資が行われ、企業の淘汰・統合が進むと寡占・独占の弊害が生じるからだ。そこで、国が自ら整備するか、規制を課して民間による統制の取れた整備を促すか、の政策を取り市場に規律を作った上で部分的に競争市場を作った。

　こうした経緯を把握した上で、エネルギー政策の優先順位を考えなくてはならない。自由化政策でエネルギー関連ビジネスの育成が注目されているが、エネルギー政策の第一の要点は産業活動、国民生活の最も重要な社会基盤としてのリスク管理である。エネルギーシステムのリスクは、短期、長期に分かれる。短期的には停電などのトラブルが起こらないように技術的な信頼性を高め、十分な供給力を確保することであり、長期的には資源が安定して調達できるようにすることだ。前者については、電力会社に独占権を与えることで技術開発と信頼性のある送配電網や余裕のある発電設備への投資が確実に行われるようにした。後者については電源を多様化することで資源リスクの低減に努めた。

● 自由化政策の意義

　こう見ると、再生可能エネルギーのシェアを増やすことは短期的なリ

スクをやや高める傾向はあるが長期的なリスクは低減できるので、エネルギー政策の要点に見合っていることになる。ただし、地球温暖化対策については、世界全体のリスクへの対処との認識はあるものの、自国のインフラのリスクを犠牲にする国はほとんどないとの認識が重要だ。

一方、自由化政策はエネルギーリスクの観点から肯定できる面とできない面がある。自由化すれば競争でコストが下がり、インフラが非効率になるリスクは回避できるが、計画的な電源整備などは難しくなる面がある。言い換えると、独占下の電力会社が他国に負けないくらい効率化に努めていれば、自由化を阻止する根拠を示すことができたことになる。また、かつての国鉄民営化や英国での国営企業の民営化の第一の目的が労働組合の力を奪う点にあったことを考えると、電力業界の影響力が高まり過ぎたことが自由化の理由になった可能性もある。

政策的知見のネットワークを持つ

エネルギーに関する政策は上述した政策の優先付を基準として、関連業界の思惑や政権の意向などが反映されて施行される。その流れをつかむためには3つのことが必要だ。

1つ目は、事業の責任者がエネルギー政策の基本構造を理解することだ。その上で、現場から入ってくる情報を取捨すれば誤った判断を避けることができる。

2つ目は、政策の最新情報を共有できる体制を作ることだ。自由化を前にして、エネルギー分野の情報はメディアや官報でかなり公開されている。そうした情報を遂次まとめ関係者で共有することは、政策的な知見を高めるための基本と言える。

3つ目は、コア情報のルートを持つことだ。政策情報は省庁、関連機関、エネルギー分野の主要企業、有識者などに集約されている。政策関連の情報はそれなりに公開されている。市場の将来を占うには、こうした層の人達が考えていることをつかまないといけない。特定の有識者などと気軽に会えるルートを持つなどを考えたい。

2 政策を使いこなす

政策には意図がある

　政策に関する知見を高めた上で重要なのは、政策を上手く使いこなすことだ。政策に関する知見がエネルギービジネスを手掛ける際に重要なのは前項で述べたとおりだが、政策を鵜呑みにするのも問題がある。政策には関係する業界への配慮や思惑が取り込まれ、個々の政策が政策の本来あるべき路線と整合しているとは言い切れないからだ。専門家が、望ましくない、寿命は短い、と思っていても施行される政策もある。個々の政策とは理想と現実の差を埋めるための大きな流れを形づくるための継ぎ接ぎの1つ、くらいの理解があってもいい。こうした性格があるから、政策通であるがゆえに、個々の政策に振り回され、ビジネスとしての幹を作れないことがある。エネルギー市場は政策に関する知見が必要な一方で、政策に振り回されやすい市場でもあるとの認識が重要だ。
　そうした事態を避けるためには、前項で示したとおり、事業の責任者が政策の大きな流れに対する理解とともに、事業に対する確固たる理念を持つことが重要になる。

政策はロードマップで受ける

　エネルギー分野では、再生可能エネルギー関連のように、経済性の低さを補填するための政策がある。電力の中心が水力から火力に移行し、火力の中心が石炭、石油、天然ガスと移行したように、どの時代でも古いエネルギーと新しいエネルギーが折り重なるようにして、エネルギー供給が支えられているから、導入時の経済性の低さを支える政策は必要だ。しかし、政策が補完するのは、対象となるエネルギーが将来経済性を獲得できると期待しているからである。いつまで経っても経済的に成り立たつ可能性がないエネルギーを補完する政策はない。したがって、

民間事業者が再生可能エネルギーなどの経済性を補完する制度を利用する場合には、将来補完制度無しでどのように事業を成り立たせるかのロードマップを持つ必要がある。政策的な補助はロードマップを実現するための資金でないといけない。

● 政策資金は事業指向で使う

　政策サイドに雑音が入らなければ補助制度は上述した基本的なセオリーに則って拠出されるから民間もロードマップを描きやすい。問題は東日本大震災以来、日本のエネルギー政策に様々な横やりが入ったことだ。本来、長い期間を掛けて導入すべき再生可能エネルギーを３年間で集中導入するとし、過剰な買取単価が設定され、太陽光発電の導入量は短期間で急増急減した。こんな制度に付き合っていたら、民間は計画的に事業を立ち上げられない。程度の差はあれ、木質バイオ発電でも同じような状況が生まれつつある。過剰な買取価格で育った事業は海外では通じないから、市場規模の限られた日本の中で遠くない将来成長が止まる。再生可能エネルギーについては、しばらくこうした政策運営が続く可能性がある。

　その上で、民間事業者に必要なのは、収益と理念を使い分けることだ。二度とないとは思うが、メガソーラーバブルの時のような過剰な補助制度が施行された時は、制度の寿命を見極め、素早くアプローチして利益を手にしたら、速やかに投資を絞るヒット＆アウェイの戦略を取ることが収益を高める。利益は世界展開するための技術開発や市場開拓のために供すればいい。一方、再生可能エネルギーは地産地消のモデルで使えば、日本の地方部を維持するための事業資源になり得る。理念に基づいた事業は当面の利益は少なくても長く続く。こうした事業については、大きな利益を期待できなくても、息の長い計画を立て政策サイドと対話を続けていくべきだ。

　一見、民間のご都合主義のように見えるが、政策は民間が育ってこそ価値がある。政策が混迷する時代には、民間が政策を上手く使い分けてこそ、広い意味での政策の意を汲むことにつながる。

3 グローバル指向を持つ

● グローバルな再エネ市場

　第1章で述べたとおり、再生可能エネルギー事業で成長するためにはグローバル展開が欠かせない。固定価格買取制度は今や再生可能エネルギー普及のためのグローバルスタンダードとなった。しかし、買取価格を官が決めるという官製市場を適切にコントロールするのが極めて難しいことは、各国の制度運営の経緯から明かだ。再生可能エネルギーの導入が進むドイツでの変動調整問題などを見ても、再エネ導入策は今後も様々な課題を呈すると考えられる。

　世界の再生可能エネルギー市場をリードしてきた企業は、こうした制度の欠陥をグローバル展開で克服してきた。それでも太陽光発電市場では企業の栄枯盛衰が激しいが、風力発電のように比較的安定している市場もある。ルーフトップ型の太陽光発電などグローバル企業との競合の少ない分野に注力する戦略もあるが、日本市場の規模の限界を考えると、グローバル展開に向けた戦略が必要なことに変わりない。

　グローバル展開が必要なのは再生可能エネルギー事業だけではない。そもそもエネルギー資源は当初からグローバル流通が当たり前になっている。世界の火力発電を見ても限られた数の大企業が競い合う成熟したグローバル市場となっている。原子力発電も市場の中心が先進国から新興国・途上国に移るにつれて、グローバル展開が欠かせなくなっている。

● 周回遅れの日本市場

　グローバル指向が必要な次の理由は、日本のエネルギー市場が欧米に比べて周回遅れであることだ。2000年代中盤に電力小売の全面自由化が停止したため、日本は欧米に比べて10数年自由化が遅れることに

なった。再生可能エネルギーについても、2012年に固定価格買取制度が施行されるまで、日本は諸外国に再生可能エネルギーの導入量を大きく引き離された。こうして自由化、再生可能エネルギーというエネルギー市場の2大トレンドの取り込みが10年前後遅れた分だけ、日本では先進的なビジネスモデルの普及が遅れている。

ビジネスモデル輸入への期待

重要なトレンドの取り込みが遅れたことにより、日本の需要家は割高な電気料金を負担することになり、エネルギーシステムは長期的なリスクを高めることになった。しかし、ビジネスをする側から見れば、海外にこれから日本で普及するかも知れないビジネスモデルがころがっていることになる。それを日本市場に合うような形で取り込めば2つの意味でビジネスの成功確率を高めることができる。1つは、ビジネスモデルの作り込みが効率化されることだ。もう1つは、自由化の将来を見越したビジネスモデルを取り込めることだ。自由化当初に迷うことなくビジネスモデルの目標が定まることの意味は大きい。自由化が行われて10年程度が過ぎた欧米市場では競争に列伍して収益を落としている企業もある。そうした企業を買収すれば、先進的なビジネスモデルは早期に日本市場に導入することができる。

日本と海外との市場の立ち上がりの時間差を利用してビジネスを立ち上げた好例がインターネット関連の市場だ。インターネット分野で急成長した企業の中には、先を行くアメリカ市場でのモデルを取り込んだ企業が少なくない。

これまで、日本のエネルギー関連企業はグローバル展開あるいはグローバル市場からの事業資源の取り込みに積極的とは言えなかった。長い間、日本のエネルギー業界が縦割り行政の下、内向きであったからだ。自由化されると、技術、資本、ビジネスモデルなどあらゆる事業資源が国境を超えてやり取りされるようになる。グローバルな感覚を持って事業資源をやり取りできるかどうかが、事業の成否に大きな影響を与える時代になるのは間違いない。

4 海外と日本の違いを押さえる

● 電力取引市場の違い

　エネルギービジネスでグローバル指向を持つ際に重要なのは、日本との違いを押さえることだ。資源、技術、資本、ビジネスモデルなどの事業資源は各国共通だが、第1項で述べたとおり、エネルギー市場は政策で縁どられた土俵の中の市場である。政策は各国の歴史、文化、エネルギーの需給環境、などにより異なるから、土俵の形は国によって違うと考えないといけない。

　特に注意すべきなのは電力取引と再生可能エネルギーの市場環境だ。広域的運用機関が設立されて全国大の電力融通に向けた送電線網の整備と運用が始まる。しかし、現段階では日本の電力網は電力会社の管轄ごとに緻密に整備されており、管轄地域間の連系線の容量は小さい。東日本と西日本の間には周波数の違いもある。東西日本の間を含む地域間連絡線の強化は自由化市場構築に向けた重要なテーマだが、いつ、全国規模で自由な取引ができるようになるかは見えない。また、電力需要が減退する中で巨額のコストを要する連系線の整備資金をどのように賄うかも課題となる。

　需給バランスと資源調達環境の違いも重要だ。東日本大震災の後の供給力不安への対処、あるいは自家電源の整備、全面自由化に向けた競争力の強化、固定価格買取制度による再生可能エネルギーの大量調達などにより、電力需要が減退傾向にあるにも関わらず、数千万kWとも見込まれる電源が整備された。その結果、当分の間、日本の電力市場は供給過剰になる。自由化と環境政策で火力発電の中心となる天然ガス火力はパイプラインで天然ガスを利用できる大陸国に比べてはるかに高い燃料を使わなくてはならない。さらに、海を隔てて資源を運ぶため、特定の事業者に調達力が集中する構造がある。

再生可能エネルギー市場の違い

ドイツでは再生可能エネルギーのシェアが3分の2程度になったところで、火力発電に対する再生可能エネルギーの優勢が明確になった。しかし、日本市場が近い将来ドイツのような状況になるとは考えにくい。最大の理由は再生可能エネルギーの変動吸収の環境の違いだ。ドイツと周辺国との電力のやり取りを見ると、再生可能エネルギーの変動が周辺国によって、場合によっては複数の国を経て吸収されている様が見て取れる。日本で同じだけのシェアの再生可能エネルギーを導入するためには、こうした変動を国内で吸収しなければならない。そのためには巨額のコストが必要になるし、電力会社の管轄区域間の連系線が弱いこともネックになる。また、欧州であっても、ドイツ以外の国が再生可能エネルギーで先行したドイツと同じように周辺国に変動吸収を期待することはできない。

国民負担についてもドイツとの違いを考えないといけない。財政運営でもドイツ国民は政府の歳出抑制策を受け入れるのに対して、日本は国民負担が増える政策を施行するのが容易ではない。固定価格買取制度の賦課金についても、ドイツと同レベルの負担が受け入れられるかどうか分からない。これに加えて、日本の再生可能エネルギーはコストの高い太陽光発電に偏重しているので、国民負担の限界が早期に顕在化する可能性がある。

ビジネスと「べき論」を線引きする

ドイツのような再生可能エネルギー先進国や自由化の先進国を見て、「日本も海外先進国のようになるべき」という指摘を多く聴く。再生可能エネルギーや自由化のビジネスに関わっていると、こうした「べき論」と将来の市場見込みを混同しそうになることがある。確かに、政策として学ぶべき点があるが、上述したとおり、日本と欧米諸国の間には変え難い事業環境の違いがある。ビジネスを手掛ける者は、「べき論」と日本市場の実態を冷静に線引きする目線を持たないといけない。

5 顧客をつかむ

● 寡占が進む供給サイド

　ここまで述べたように、電力の供給市場は電力会社が圧倒的な力を持つ。全面自由化開始当初の価格競争で新規参入者が電力会社の顧客をある程度切り崩しても、中期的に守り切れるシェアは多くないだろう。時間が経てば経つほど電力会社の優勢は顕著になるはずだ。一方、電力会社の側でも沖縄電力を除く9社体制がいつまでも続く訳ではない。既に東京電力と中部電力が共同で設立したJERAは燃料調達などで高い競争力を持っている。新設の火力発電を対象とした提携は、時間が経つほど火力全般の提携に近づくから競争力は着々と高まっていく。

　地方電力会社については、地方部で東京圏のような競争が展開されることは予想しにくいため、競争力強化のための統合などのインセンティブは少ない。しかし、中長期的に見れば、都市圏以上に需要の減退が見込まれる地方部中心で事業を行っていれば、企業としての価値の低下は避けられない。全面自由化の中で大都市圏の電力会社が事業規模と付加価値を増すのを見ていれば、単独経営を続ける意義は低下することになろう。

　結果として、エネルギー市場の供給サイドでは統合や連携が進むことになる。そこで、電力会社が圧倒的な競争力を持つという状況が変わることはない。欧州ほどではないにしても再生可能エネルギーが火力発電の収益を圧迫する可能性があるが、それをもって電力会社の圧倒的立場が揺らぐことにはならない。電力会社は供給市場について十分に研究しており、再生可能エネルギーについても有力な投資家であるからだ。

● 浮かび上がる顧客基盤

　供給サイドで寡占化が進む一方で、需要サイドでは全く異なった市場

が展開する。当面、供給過剰な状態が続く日本の電力市場では、少しでも有利に電気を供給するためには、顧客を囲い込むことが重要になる。顧客をしっかりと囲い込むために、個々の顧客のニーズに合ったサービスや商品を提供する必要があるから、規模を拡大することは囲い込みを弱くすることにつながる。したがって、顧客の囲い込みを強くしようと思うほど、需要サイドの市場には特定の顧客を囲い込んだ多くの事業者が活動するようになる。そこで、供給過剰の市場から、顧客を抱え込んだ事業者が顧客ニーズに合った電力を選択的に調達する、という市場が想定できる。

　顧客を囲い込むことができる事業者はいろいろと考えられる。不動産会社は都市、マンション、住宅地などに多くの顧客がいる。住宅メーカーも販売した住宅に多くの顧客を抱えている。小売、通信、サービス分野などの企業は、既に顧客を囲い込むために様々な策を講じている。エネルギー分野ではガス会社が相対的に顧客の近くでサービスを提供している。商品やサービスによるセグメントと並んで注目すべきなのは、特定の地域で顧客をしっかりとつかんでいる企業だ。商圏は小さいが、顧客のバインディング力はナショナルブランドの企業より強い場合が多い。

フロンティアとして顧客指向

　これまで地域独占の下にあった電力市場では、需要家は電力会社を選択する術がなく、電力会社は需要家を囲い込むための努力をする必要がなかった。その意味で、顧客の囲い込みという戦略は電力分野での新しい戦略の切り口ということができる。電力小売り全面自由化で、どこの企業の電気が一番安いか、という点が注目されることが多い。しかし、電気のコスト構造から考えて特定の企業の電気が特別に安いということはあり得ない。そこで価格競争に陥れば体力勝負の疲弊戦になる。そもそも、一般の市場でも需要家は価格だけで商品やサービスを選んでいる訳ではない。だから、コストだけを売り物にした企業の隆盛は長く続かないことが多い。価格の重要さを十分に認識した上で、顧客から選ばれる価値を追求することが自由化市場での存在感につながる。

6 提携で相乗効果を上げる

自由化で進む縦横無尽の提携

　電力小売全面自由化を前に企業間の提携が進んでいる。ここまで行われた提携は大きく3つの形態に分類することができる。

　1つ目は、地域をまたいだ提携だ。地域独占体制にあった電力事業では電力各社が各々管轄を厳格に守ってきた。東日本大震災前の自由化でも、そうした姿勢に変化はなかった。しかし、全面自由化と発送電分離の路線が決まってからは、電力各社も管轄地域を超えた競争に臨むようになった。

　2つ目は、供給力強化のための提携だ。供給力強化には2つの意味がある。1つは、東京電力と中部電力の提携にように、電力事業の競争力を高めるための提携であり、もう1つは、電力とガス、電力と通信など、顧客に対する品揃えを増やすための提携だ。前者は電力の原価を低減させ、後者は電力のマーケティングコストを低減する。

　3つ目は、供給側と需要側の提携だ。前述したように、地域独占下にあった電力会社は営業基盤が弱いので、優良な顧客を囲い込んでいる事業者との提携を進めている。通信会社のような多数の顧客を持っている事業者は豊富な供給力を有する電力会社と提携する傾向にある。顧客を囲い込んでいる事業者は顧客サービスを拡充することができ、電力会社は顧客基盤を安定させ過度の競争を避けることができる。

　全面自由化が目前と迫った2015年以降、上述した提携が縦横無尽に繰り広げられた。関東や関西のような競争の厳しい地域では、提携無しに競争力を確保することは難しい状況になっていると言っていい。こうした多面的な提携は、東日本大震災前の自由化では見られなかった現象だ。その分だけ、数年もすれば、従来の電力事業では考えられなかった事業やサービスの体制が見られるようになる。

効果指向で提携を進める

　電力事業を手掛けるに当たって不可欠となった提携だが、気を付けるべき点もある。企業や業態が違えば、商慣行も収益レベルも異なるから、様々な調整が必要になる。運営に手間が掛かる分だけ、確実にコストが掛かるのが提携である。それを補うだけの効果を上げられることが全ての提携の条件になる。上述した内容から、効果を上げるための視点は原価低減、営業などの効率化、顧客の囲い込み、の3つである。

　電力会社は圧倒的な供給力を背景に、補完関係を持つことができる事業者との提携を進めている。携帯電話会社との提携は、営業などの効率化とセット販売による顧客の囲い込みを期待できる。管轄地域外のガス会社との提携では、営業力の補完と顧客の囲い込みが期待できる。これらの例を見ると、豊富な供給力は提携を有利に展開するための武器になることが分かる。電力会社以外が携帯電話会社のように多数の顧客を抱える事業者と幅広に提携するのは難しい。

　結果として、供給力の小さな新規参入者は、顧客数の少ない事業者と提携せざるを得なくなる。不動産会社などは、携帯電話会社に比べて顧客数が少ないが、その分だけ需要家のニーズが絞り込まれる傾向にある。電力を供給する側もニーズに即した特色のあるサービスを提供する必要がある。提携が広がるほど、強大な供給力を持つ電力会社との違いを明確に打ち出さなくてはならなくなる。

　財務面での検討も必要だ。異業種間、あるいは供給サイドと需要サイドの提携が進むことで、セット割引やポイントサービスなどが広がっている。顧客を囲い込むための重要な戦略だが費用対効果を検討しないといけない。もともと電力事業は利幅が少ない。それに対して、利幅の大きな事業者がセット割引やポイントサービスを提供すると、事業規模は拡大しても利益が低下することもあり得る。

　業種、地域、需給サイドを超えた提携の波に乗り、収益を高めるには、自社の特色に照らし既存事業との相乗効果を発揮できる提携戦略が不可欠となる。

7 将来の市場構造を読む

電力は普通の商品になる

「電力自由化とは何か」と問われた際、「電力が普通の商品になること」と答えることがある。地域独占の下、需要家には価格でもサービス内容でも選択肢がなかった電力について、普通の商品と同じように、価格やサービス内容で事業者を選択できるようになるからだ。したがって、電力市場の将来を占うには、一般の競争市場がどのように変遷してきたかを見ればいい。

規制されていた市場が開放されると多くの事業者が参入する。市場での競争が盛んになると、競争力のある事業者は勢力を拡大し、競争力のない事業者は破綻したり吸収されたりする。その結果、競争力のある少数の事業者が市場を分け合う寡占的な状況に落ち着く。民間事業者は市場の中で常に競争を求めていると語られることがあるが、先の見えない競争を求める事業者はいない。一般に、民間事業者が求めているのは適度な競争と協調だ。寡占的な状況で、同等の力を持つ事業者に食うか食われるかの競争を仕掛ける民間事業者は少数派だ。

寡占的事業者とカテゴリーキラーによる供給サイド

一方、市場でのシェアを拡大すると多くの顧客のニーズに応えるために、商品やサービスは尖った面が削られていく。その結果、市場シェアの大きな事業者に飽き足らない特定のテイストを求める需要家に商品・サービスを提供するカテゴリーキラー的な事業者が生き残る市場が生まれる。例えば、自動車分野では、トヨタ自動車が圧倒的なシェアを獲得する中で、富士重工、マツダ、外資系が特定の顧客を対象に個性の強い自動車を供給するという市場構造が出来上がっている。

日本にもかつては多くの自動車メーカーがあった。それが、長い間の

国内での競争とグローバル化を経て現在の市場構造にたどり着いた。多くの事業者が食うか食われるかの競争を繰り広げるのは市場の過渡的な姿なのだ。電力市場には 900 もの PPS と 200 もの小売事業者が参入しているが、いずれは数社の強力な事業者に統合されていくだろうという声が多い。

バラエティのある需要サイド

　市場競争の結果、供給サイドの構造が多くの分野で共通した形を呈するのに対して、需要サイドにはいろいろな可能性がある。需要サイドの事業者が持っている商品やサービスと電力の組み合わせに様々な選択肢と評価があるからだ。需要サイドの事業者にとっても電力は安いに越したことはないが、事業者としての信頼感や安定した供給力を優先する場合もあれば、価格よりも商品・サービスの品揃えを優先する場合もある。

　比較的少数の顧客を抱え込んでいる需要サイドの事業者が安定性や知名度を求めて電力会社の電力を調達する場合もあるし、多くの顧客を囲い込んでいる需要サイド事業者でも一部の顧客に対して、新規参入者の個性のあるサービスを提供する場合もある。需要サイドの事業者にとって大事なのは、抱え込んでいる顧客のニーズにいかに応えるかだ。

　その顧客像を想定すると、不動産、会員サービス業、自動車などのディーラー、通信会社、大手小売事業者、インターネット販売事業者、などが特異な地位を獲得することが考えられる。つまり、電力自由化以前から特定の商品やサービスで顧客を囲い込んでいる事業者が需要サイドの有力な事業者となる。電力供給だけで需要家サイドに立って顧客を囲い込むには、余程の工夫が必要になるだろう。

　小売全面自由化直後は価格競争を含めた攻防戦が繰り広げられるだろうが、市場はいずれ上述した構造に落ち着いていく。そこで新規参入者が存在感を出していくためのポイントは、特色のあるサービスを作り、その価値を評価してくれる顧客を有している需要サイドの事業者と手を組むことに尽きる。

8 「環境」は短期と長期の目線で評価する

再生可能エネルギーを取り巻く変動要因

　世界中で再生可能エネルギーの大量導入に向けたうねりが起こっている。地球環境への負荷が少なく、資源としての持続可能性が高い再生可能エネルギーは長期の成長が見込まれる有望な投資先だ。電力需要が減退する日本では、成長性のある唯一の電源である。問題は、どのようなスケジュールと道程で再生可能エネルギーが主体となったエネルギー構成に変わっていくかである。

　例えば、今世紀後半になれば、日本でも電力の半分程度が再生可能エネルギーで賄われている可能性がある。しかし、そこへの道のりは決して一様ではない。これまでの経緯を見ても、再生可能エネルギーの流れは加速と減速を繰り返してきた。短期的な視点で投資した事業者の中には、破綻したところも少なくない。

　再生可能エネルギーの導入が変動を繰り返すのは、外部環境に大きく影響されるからだ。例えば、化石燃料の価格が下がると再生可能エネルギーの導入量は減る。まだまだエネルギー市場では経済性が環境よりも重要な要素であることの表れである。経済や政策方針の影響も大きい。経済的な競争力を犠牲にしてまで環境性を優先する国は、先進国の中でもごく少数派だ。

バラエティを増す供給源

　最近になって、不確定性を増しているのが技術のバラエティさだ。風力発電と太陽光発電が再生可能エネルギーの中心であることに変わりはないが、ドイツでも変動調整負担が問題になっている。一方で、藻類を使ったバイオエネルギーのような効率性と安定した供給力を持ったエネルギーの可能性が高まっている。運輸部門では長い間電気自動車が期待

されながら、全面的な普及にはいくつもの重大な課題を抱えている。日本では燃料電池の性能と経済性が革新的に進歩した結果、再び水素への注目が高まっている。実用性が高まれば、賦存量、変動性などの再生可能エネルギーの問題を一気に解決できる。固定価格買取制度の運用の問題があるとはいえ、太陽光発電を手掛ける事業者の栄枯盛衰が激しく、期待された電気自動車が伸び悩んでいるのは、再生可能エネルギーを含む低炭素技術の動向が定まっていないからだ。

その一方で着実に進みつつあるのが省エネルギーと需要制御だ。分散電源の発電効率、自動車の燃費、家電・空調などのエネルギー消費機器の性能は1990年代と比べて5割程度向上している。COP21のパリ協定で世界的に二酸化炭素削減のための取り組みが積極的になったとしても、2030年までは省エネ技術を普及することで相当程度目標が達成できるし、最も経済的な手段でもある。再生可能エネルギーの経済性がどれだけ向上しても、省エネ技術が二酸化炭素削減の重要な手段であることに変わりはない。ここまで世界的な低炭素トレンドの中でビジネスとして最も成功したのは、トヨタ、GEなど省エネを主力商品に取り込んだ企業であった。

この10年程度の間で再生可能エネルギーの経済性が飛躍的に高まったことは間違いない。しかし、日本で再生可能エネルギー市場を支えているのは固定価格買取制度による国民負担や国の補助金、あるいはスマートハウスなどで消費者が払うプレミアム価格だ。ドイツにしても変動調整負担を火力発電に押し付けることによって普及しているのが実態だ。COP21から国際的な議論に参加した米国と中国の当面の主要な二酸化炭素削減策は石炭火力から天然ガス火力への転換である。

ビジネスマンに求められているのは、再生可能エネルギーが本当の意味で経済的に自立するためには単価や変動調整の構造などを改善するためのもう1つのピースが必要、という現実を冷静に見つめることだ。目先は将来的にも確実に事業資源となる既存商品の商品化と政策プレミアムの恩恵をしたたかに享受し、長期的にはラストピースが揃う時期を見極める、という姿勢が重要になる。

9 技術の進化を先取りする

◆ 次世代を担う太陽光発電

　多くの分野で、技術革新の波に乗ることはビジネスを成功させる上の重要な要素だ。先に述べたとおり、あらゆるエネルギーの中で電力は技術革新の影響を最も大きく受けるインフラだ。

　シェール革命は民間投資が先導した。しかし、次の革新的化石燃料であるメタンハイドレートは、立ち上げ段階での経済的な負担、環境や海洋分野の政策との調整などで官民の協働が欠かせない。再生可能エネルギー資源の開発は新型の化石燃料発掘より革新的だったが、技術革新の可能性は徐々に絞られている。風力発電では大型化、低コスト化、洋上化などが進むが、市場は大手メーカーにより寡占化しつつあり、新規参入者が勝てるチャンスは小さい。

　バイオエネルギーについて、国内にエネルギー作物の可能性は少ない。木質バイオマスは賦存量から見て可能性は高いが、森林の循環メカニズムと整合した産業を育てないといけない。日本が世界に誇る一般廃棄物のエネルギー利用の仕組みは他のバイオマスや熱利用と組み合わせるとポテンシャルが格段に上がる。バイオエネルギーには多くのチャンスがあるが、官民協働を含む地道な取り組みが求められるのは共通している。その意味で、最も革新性があるのは藻類バイオマスの生産性ではないか。

　太陽光発電のコストは今世紀に入って4分の1程度に低下しているし、圧倒的な賦存量もあり次世代のエネルギーシステムを占う最も重要な要素だ。今後は燃料化に向けたラストピースの登場が期待される。

◆ 着実だが緩慢な大規模集中型システムの技術革新

　大規模集中型の電力システムの技術も向上している。天然ガスのコン

バインドサイクルの発電効率は 60% に達し、超々臨界の石炭火力の発電効率も 50% を目指す段階に入っている。超電導が実装されれば、送電によるロスはほとんどなくなる。

このように大規模集中型のエネルギーシステムの技術も着実に進歩しているが、再生可能エネルギーや次の分散型システムの技術に比べると革新のレベルは緩慢と言わざるを得ない。

● ダウンサイジングテクノロジーの可能性

分散型エネルギーシステムの技術はガスエンジンの発電効率が約 50%、燃料電池の発電効率が 55% に達するなど、大規模集中型を凌駕する進歩を遂げている。しかし、表面的な数字以上に大きいのは、組み合わせのバラエティさと革新サイクルの速さだ。

先進的な企業の工場がエネルギーの自立性を高めているように、熱効率の高い建築物、ヒートポンプのような熱供給機器、HEMS、BEMS などの制御システムと組み合わせることで、エネルギーの価値を住宅、ビル、工場の付加価値に転換することができる。さらに、工場やオフィスビルで実績を上げているように、運用改善でエネルギー効率を持続的に改善できる。また、経済性と性能が向上し続ける携帯端末と結び付けることでエネルギーシステムへの意識を高め、システムとしての操作性を高めることもできる。こうした過程から、設備・機器の改善、新たなアプリケーション開発の機会が生み出される。

分散型エネルギーシステムの強みは、システムの導入件数が多く、関連の設備・機器・システムを納入する事業者の数が多いことだ。その分だけ改善サイクルの回転が速くなり、多くのアイデアが取り込まれる。IT 分野で見られたダウンサイジング技術とアプリケーションの急速な進化はエネルギーの市場でも再現される可能性が出てきた。

以上から、技術革新は再生可能エネルギーの官民連携モデル、太陽光資源の開発、分散型エネルギーを軸とした組み合わせ、などに多くの機会がありそうだ。一方で、成熟した再生可能エネルギー、大規模集中型システムなどは既存事業者を中心とした展開になる。

10 ITを活用する

● エネルギー分野に広がるIT革命

　ITはあらゆる分野に浸透している。今やIT革命の影響を受けないビジネスは皆無と言ってもいい。大規模集中型の発電設備でも機器の管理や制御はITだ。近年の発電効率の向上は高度制御の賜物と言ってもいい。送配電網は大量の再生可能エネルギー由来の電力を受け入れるためにスマートグリッド化を進めている。スマートメータが普及すれば需要家との需給情報が頻繁に行き来し、取引市場ができると送電会社は電力需給に関する情報を緻密にやり取りするようになる。こうして送配電網は電力と情報が並走するファイバー&ラインとなる。

　アグリゲーションは多数の需要家の電力需要や発電事業者の供給力を取りまとめる機能の概念だが、電力会社も自由化の中で変動する需要と供給を最適にバランスさせるための制御を行う。電力会社はこれまで以上に個々のプラントよりも需給システムの全体の機能を重視するようになるから、設備メーカーとの付き合い方も変わる。

　再生可能エネルギーが普及することで重要性を増すのが、需給予測のシステムだ。これまでも電力需要は天候に左右されたが、これからは供給量についても予測が必要になる。30分同時同量を基本ルールとする電力システムの中で、再生可能エネルギーの変動調整の負担を下げるためには、今よりも一層精度と信頼性の高い予測システムが必要になる。

　需給調整、需給予測はこれからの電力システムの効率性と信頼性を高めるための最大の技術開発要素の1つだ。それを制した事業者は電力システムの運営において重要な役割を担うようになる。

● ITによるサービスの革新が進む需要サイド

　上述したように、電力システム中でのITの位置づけは高まる一方だ

が、広域の電力システム以上に IT の影響を受けるのが需要サイドだ。既にオフィスビルなどでは、エネルギー需給に関わる全ての機器が施設全体の制御システムにつながれている。住宅でも近いうちに全ての家電がエネルギーマネジメントシステムにつながれるようになる。住宅のエネルギー機器がネットワークにつながれると需給制御や遠隔操作などのアプリケーションが急速に普及する。スマートホンの普及でアプリケーションの受け入れ基盤と供給者の市場が出来上がっているからだ。スマートハウスのようなハード面での受け皿が普及し始めていることも、他の分野にはない特徴だ。

これまでの IT 関連のシステムやサービスの普及の経緯を見ると、住宅向けの市場が電力と IT と電力消費機器が組み合わさって新たな価値を生み出す最先端の場となる可能性がある。

● エネルギー市場が IoT をリードする

Internet があらゆるものに接続する IoT の市場には多くの事業者が注目しているが、新しい市場が立ち上がっているという実感は少ない。しかし、ここまで述べた内容は、自由化で様々な事業者が参入して技術、ハードウェア、顧客を持ち込み、サービスを競い合うことで、エネルギー、とりわけ電力の世界は間違いなく IoT の実装をリードする市場になることを示している。送電網を基盤とした広域の電力システムは、壮大な IoT 実装の場だ。

その分、IT 関連のビジネス機会は増えるが、どのようにポジショニングを図るかは悩ましいところだ。電力システムの IoT の中心となる送電網は民間所有と言っても公益性の高いインフラとなるからだ。民間事業者が付加価値の高い事業を手掛けるためには、送電網との上手い関係を作りつつ、独自のシステムの位置づけを獲得することが重要になる。PPP 事業のようなセンスが必要だ。IoT 実装の場として、最も広がり多く、自由度が高いのは、上述したように住宅を中心とした小口市場だ。

インターネットビジネスと同じように、電力でも需要家が広く分散した市場で、どのように付加価値を見いだすか、がポイントになりそうだ。

コラム エネルギー分野での将来フロンティア

　政策がエネルギービジネスへの参画を促すに当たって、最も重要なのは、エネルギー市場の将来像を明確にすることです。民間企業が未来に向かったビジョンを持ち、それを実現するためのビジネスモデルを考案し、政策の実現を支援することが、産業としての成長と社会の発展を両立させるからです。

　その意味で、エネルギー市場が向かっている基本的な方向は間違っていません。再生可能エネルギーの導入を促進し、設備・機器の効率を高めることが、資源の枯渇、資源を巡る争い、地球温暖化などといったエネルギーにまつわるリスクを緩和することにつながるからです。

　将来の可能性という意味では、2つのフロンティアに注目しています。

　1つは、化石燃料から次世代燃料への転換です。ここまで世界中で再生可能エネルギー由来の電力の導入に力が入れられてきました。しかし、電力という2次エネルギーの改革だけでは人類が直面しているエネルギーや環境の問題を解決することはできません。求められているのは、1次エネルギー改革という、より根本的な対策です。普及に向けてはまだまだ課題がありますが、バイオエネルギーや水素燃料には、エネルギーの基本的な問題を解決できる可能性があります。

　もう1つは、エネルギーが関わる分野でのIoTです。需給システムがインターネットと接続すればエネルギーシステムを改善できる上、機器や設備などと結ばれ様々なビジネスの可能性が生まれます。スマートハウス／タウン／シティの動向を見ても、エネルギーはIoTを具現化するための鍵になります。IoTというと、既存の産業がITに支配されるようなイメージを持つ人がいますが、実際にはハードウェアのスマート化が重要な役割を担います。日本には優れたハードウェアを供給する企業が数多くありますし、スマート化を積極的に進めています。

　単なる価格競争に陥らないためにも、自由化がエネルギーにまつわるフロンティアを切り拓くことにつがなるのを期待しています。

―― 執筆者紹介 ――

木通秀樹（きどおし　ひでき）
株式会社日本総合研究所
創発戦略センター　シニアスペシャリスト
1964年生まれ。慶応義塾大学理工学研究科後期博士課程修了（工学博士）。石川島播磨重工業（現IHI）を経て、2000年に株式会社日本総合研究所に入社。現在に至る。専門は新市場開拓を目指したシステム構想、プロジェクト開発、および再生可能エネルギー、水素などの技術政策の立案等。著書に「なぜ、トヨタは700万円で『ミライ』を売ることができたか？」（日刊工業新聞社・共著）、「図解よくわかるバイオエネルギー」（日刊工業新聞社・共著）、「図解よくわかるリサイクルエネルギー」（日刊工業新聞社・共著）など。

瀧口信一郎（たきぐち　しんいちろう）
株式会社日本総合研究所
創発戦略センター　シニアマネジャー
1969年生まれ。京都大学理学部を経て、93年同大大学院人間環境学研究科を修了。テキサス大学MBA（エネルギーファイナンス専攻）。東京大学工学部（客員研究員）、外資系コンサルティング会社、REIT運用会社、エネルギーファンドなどを経て、2009年株式会社日本総合研究所に入社。現在、創発戦略センター所属。専門はエネルギー政策・エネルギー事業戦略・インフラファンド。著書に「電力不足時代の企業のエネルギー戦略」（中央経済社・共著）、「2020年、電力大再編」（日刊工業新聞社・共著）、「電力小売全面自由化で動き出す分散型エネルギー」（日刊工業新聞社・共著）、「電力小売全面自由化で動き出すバイオエネルギー」（日刊工業新聞社・共著）、「続 2020年 電力大再編」（日刊工業新聞社・共著）など。

松井英章（まつい　ひであき）
株式会社日本総合研究所
総合研究部門　マネジャー
1971年生まれ。早稲田大学大学院理工学研究科（物理学および応用物理学専攻）を修了。日本電信電話株式会社、株式会社野村総合研究所、株式会社トーマツ環境品質研究所を経て2007年に株式会社日本総合研究所に入社。専門は、分散／再生可能エネルギー・スマートコミュニティ。現在は、地域エネルギー事業実現のため、各地域との事業検討プロジェクトなどに参画している。著書に「2020年、電力大再編」（日刊工業新聞社・共著）、「続 2020年 電力大再編」（日刊工業新聞社・共著）、「次世代エネルギーの最終戦略」（東洋経済新報社・共著）など。

梅津友朗（うめづ　ともあき）
株式会社日本総合研究所
総合研究部門　都市・地域経営戦略グループ　コンサルタント
1979年生まれ。2002年京都大学工学部（環境工学専攻）卒業、同大大学院工学研究科を修了。株式会社クボタを経て、2011年株式会社日本総合研究所に入社。現在、総合研究部門、都市・地域経営戦略グループに所属。専門はエネルギー事業戦略・スマートシティ・廃棄物関連事業・水ビジネス。著書に「電力小売全面自由化で動き出す分散型エネルギー」（日刊工業新聞社・共著）、「電力小売全面自由化で動き出すバイオエネルギー」（日刊工業新聞社・共著）など。

著者略歴

井熊　均（いくま　ひとし）
株式会社日本総合研究所
常務執行役員　創発戦略センター所長
1958年東京都生まれ。1981年早稲田大学理工学部機械工学科卒業、1983年同大学院理工学研究科を修了。1983年三菱重工業株式会社入社。1990年株式会社日本総合研究所入社。1995年株式会社アイエスブイ・ジャパン取締役。2003年株式会社イーキュービック取締役。2003年早稲田大学大学院公共経営研究科非常勤講師。2006年株式会社日本総合研究所執行役員。2014年常務執行役員。環境・エネルギー分野でのベンチャービジネス、公共分野におけるPFIなどの事業、中国・東南アジアにおけるスマートシティ事業の立ち上げなどに関わり、新たな事業スキームを提案。公共団体、民間企業に対するアドバイスを実施。公共政策、環境、エネルギー、農業などの分野で60冊の書籍を刊行するとともに政策提言を行う。

検証　電力ビジネス
―勝者と敗者の分岐点

NDC540.9

2016年3月30日　初版1刷発行

（定価はカバーに表示してあります）

ⓒ　編著者　　井熊　均
　　発行者　　井水　治博
　　発行所　　日刊工業新聞社
　　　　　　　〒103-8548　東京都中央区日本橋小網町14-1
　　電　話　　書籍編集部　03（5644）7490
　　　　　　　販売・管理部　03（5644）7410
　　ＦＡＸ　　03（5644）7400
　　振替口座　00190-2-186076
　　ＵＲＬ　　http://pub.nikkan.co.jp/
　　e-mail　　info@media.nikkan.co.jp
　　製　作　　㈱日刊工業出版プロダクション
　　印刷・製本　新日本印刷㈱

落丁・乱丁本はお取り替えいたします。　　2016 Printed in Japan
ISBN 978-4-526-07552-0
本書の無断複写は、著作権法上の例外を除き、禁じられています。